城镇供水厂深度处理工艺运行管理技术应用手册

张金松　全继萍　主编

中国建筑工业出版社

图书在版编目（CIP）数据

城镇供水厂深度处理工艺运行管理技术应用手册/
张金松，全继萍主编.—北京：中国建筑工业出版社，
2022.4
ISBN 978-7-112-27274-7

Ⅰ.①城…　Ⅱ.①张…②全…　Ⅲ.①城镇-水厂-
饮用水-水处理-技术手册　Ⅳ.①TU991.35-62

中国版本图书馆 CIP 数据核字（2022）第 056675 号

本书分 6 章，分别为深度处理工艺概述、臭氧活性炭深度处理工艺、其他深度处理组合工艺、深度处理组合工艺典型工程案例、深度处理工艺运行管理实例、深度处理工艺运行实操管控。

本书可供城镇供水厂相关研究人员、运营者和一线工作人员参考。

责任编辑：于　莉
责任校对：姜小莲

城镇供水厂深度处理工艺运行管理技术应用手册
张金松　全继萍　主编
*
中国建筑工业出版社出版、发行（北京海淀三里河路 9 号）
各地新华书店、建筑书店经销
唐山龙达图文制作有限公司制版
北京君升印刷有限公司印刷
*
开本：787 毫米×1092 毫米　1/16　印张：9¾　字数：240 千字
2022 年 5 月第一版　2022 年 5 月第一次印刷
定价：45.00 元
ISBN 978-7-112-27274-7
（37731）

前　言

自我国《生活饮用水卫生标准》GB 5749—2006 于 2007 年 7 月 1 日正式发布以来，人民群众对饮用水水质提升给予了热切期盼，国家和地方政府对饮用水安全高度重视，要求供水企业进一步完善供水工艺流程，切实保障饮用水水质安全。为此，2009 年 3 月国家正式启动实施了水体污染控制与治理科技重大专项（以下简称水专项），为国家水体污染控制与治理提供全面技术支撑。其中，在深度处理工艺技术集成及示范应用研究中，重点突破关键技术、集成优化提升和产业化支撑，极大促进了深度处理工艺的大规模推广应用，有效提升了受污染水源的饮用水水质。

截至 2019 年，我国给水厂深度处理的规模已经达到 4000 万 t/d 以上，超过了城市总供水能力的 30%，但要更大规模地推广应用还需进一步解决深度处理工艺应用特别是运行管理等方面遇到的一些问题。本手册结合深度处理工艺的生产应用情况和水专项的科技成果进行提炼，系统介绍了深度处理的基本原理，深度处理中常用的臭氧活性炭、高级氧化和超滤多种组合工艺的主要设计要求、运行管理、设备设施维护、主要风险与管控方法等，旨在总结深度处理工艺的运行管理经验并予以标准化、规范化，为城镇供水厂采用深度处理工艺进行运行管理提供指导和借鉴，进一步提高深度处理技术的产业化水平，全面支撑我国的饮用水安全保障工作。

本手册的编写工作得到了住房和城乡建设部水专项管理办公室、水专项总体专家组和饮用水主题专家组的支持和指导。在此，谨表示衷心感谢！

本手册由张金松、全继萍主编，主要编制人员：邹苏红、邢艳、张燕、王小伲、王承宝、李玲、黄胜前、田瑞芝、王姝凡、周岩、安娜、黄美心。

审查单位：住房和城乡建设部科技与产业化发展中心。

主要审查人：田永英、任海静、张东、顾军农、王广华、赫俊国、蒋福春、刘水。

本手册由住房和城乡建设部标准定额司负责管理，由主编人员负责具体技术内容解释。

目　录

第1章 深度处理工艺概述

深度处理工艺是在常规处理工艺的基础上提高水质，通过物理、化学、生物等作用去除常规处理工艺不能有效去除的污染物（包括消毒副产物前体物、内分泌干扰物、农药及杀虫剂等微量有机物、嗅和味等感官指标、氨氮等无机物），减少消毒副产物的生成，提高饮用水水质，提高管网水的生物稳定性的处理工艺。深度处理的效果可以从三个方面来反映：一是出水的水质指标，应满足有关的饮用水水质标准；二是出水的致突变活性低，致突变试验应为阴性；三是水在管网中的生物稳定性要高，防止管网中细菌的繁殖。

深度处理工艺包括在常规处理工艺后增加的臭氧活性炭工艺、为保证或提高深度处理效果而在常规处理工艺前设置的各种预处理工艺以及膜过滤工艺等。目前饮用水深度处理工艺中应用较为广泛的有：活性炭处理、臭氧氧化、臭氧活性炭、活性炭-膜过滤、高级氧化等，其中臭氧活性炭是我国使用最为广泛的饮用水深度处理工艺。

1.1 深度处理工艺原理

1.1.1 臭氧氧化

1. 臭氧的主要理化性能

臭氧（O_3）是氧（O_2）的同素异形体，常温常压下是一种不稳定的具有强烈刺激性气味的淡蓝色气体，可自行分解为氧气。臭氧的相对密度是氧的 1.5 倍，臭氧略溶于水，在标准压力和温度下，其溶解度比氧大 13 倍，比空气大 25 倍，但由于在实际生产中臭氧浓度较低，并且多是采用臭氧化空气，其中臭氧分压很小，因此臭氧在水中的溶解度并不大。在较低浓度下，臭氧在水中的溶解度基本满足亨利定律。臭氧一般通过电晕放电法发生，即以干燥的空气或纯氧气流经高压发电间隙而生成臭氧，产生的含臭氧气体中臭氧浓度通常为 2%～5%（按重量）。

臭氧的化学性质极不稳定，在空气和水中都会慢慢分解成氧气，同时释放出大量热量（285kJ/kg），因此很容易爆炸，但由于臭氧化空气中臭氧的含量很难超过 10%，通常没有爆炸的危险。含量为 1% 以下的臭氧，在常温常压的空气中分解半衰期为 16h 左右，随着温度的升高，分解速度加快。臭氧在水中的分解速度比在空气中快得多，水中臭氧浓度为 3mg/L 时，常温常压下其半衰期仅为 5～10min，在含有杂质的水溶液中臭氧会迅速恢复到形成它的氧气。臭氧在水中的分解速度随水温和 pH 的提高而加快。

臭氧的氧化性比氧、氯、二氧化氯以及高锰酸钾等氧化剂都高，在常用氧化剂中氧化能力最强。同时，臭氧反应后被还原为氧气，所以臭氧是高效、低毒的氧化剂。臭氧能够与亚铁、二价锰、硫化物、硫氰化物、氰化物以及氯等无机物进行氧化反应，同时，也能与烯烃类化合物、芳香族化合物、核蛋白（氨基酸）系化合物以及有机氨等有机物进行氧化反应。

但是臭氧氧化也有其局限性，主要表现在：一是臭氧氧化处理饮用水存在臭氧利用率低、氧化能力不足等缺陷。二是臭氧可以有效降解含有不饱和键或者部分芳香类有机污染物，而对于部分稳定性有机污染物如农药、卤代有机物和硝基化合物等难以氧化降解。三是当水中含有溴化物时，臭氧氧化将会生成溴酸根及溴代三卤甲烷等有害副产物。同时，臭氧属于有害气体，其对人体的危害与浓度和接触时间有关。由于臭氧的臭味很浓，浓度为 $0.2mg/m^3$ 时人们就能够感觉到，因此，在空气中臭氧浓度的允许值定为 $0.2mg/m^3$。

臭氧具有很强的氧化性，除了金和铂外，臭氧化空气几乎对所有的金属都有腐蚀作用。因此，生产上常使用含 25% 的铬铁合金（不锈钢）来制造臭氧发生设备和加注设备中与臭氧直接接触的部件。臭氧对非金属材料也有强烈的腐蚀作用，即使是相当稳定的聚氯乙烯塑料滤板等，在臭氧加注设备中使用不久也会疏松、开裂和穿孔。在臭氧发生设备和计量设备中，不能用普通橡胶作密封材料，必须采用耐腐蚀强烈的硅橡胶或耐酸橡胶等。

2. 臭氧在水中的反应途径

臭氧化去除水中有机物的原理主要是打开通过亲电作用或带有多余电子的原子核双碳键，臭氧与水中有机物的反应基本符合 Hoigne 提出的臭氧化在水中的反应过程，这是一个极其复杂的过程。Hoigne 认为臭氧通过两条途径与水中的有机物进行反应，即臭氧直接反应（称为 D 反应）和臭氧分解产生羟基自由基（·OH）的间接反应（称为 R 反应）。D 反应与 R 反应相比，D 反应速度比较缓慢，但有选择性，是去除水中有机物的主要反应。羟基自由基虽然反应能力强、迅速，但是选择性差，它不仅能与有机物反应，加快其分解速度，还能与水中的碳酸根 CO_3^{2-} 和重碳酸根 HCO_3^- 反应形成次生自由基 $CO_3^- \cdot$ 和 $HCO_3 \cdot$。次生自由基也能与有机物反应，但是反应速度慢得多，如果产生的羟基自由基能够迅速被碳酸根和重碳酸根捕集，那么就会减少羟基自由基对臭氧的催化分解作用。通过这两个反应，臭氧最终能够将水中的有机物氧化成无机物（H_2O 和 CO_2 等）或将大分子有机物分解成可生物降解的小分子有机物。此外，由于臭氧的强氧化性和易于通过微生物细胞膜扩散，所以臭氧有强大的杀藻和灭菌能力，能杀灭水中的细菌、病毒、隐孢子虫和贾第鞭毛虫孢囊等，其中臭氧对大肠菌群和病毒的灭活效率是自由氯的 2～10 倍，而对隐孢子虫和贾第鞭毛虫孢囊的灭活效率是自由氯的数百倍。

实际中，臭氧化去除有机物的效率是 D 反应与 R 反应的叠加作用，这两种反应进行的程度取决于不同的反应条件。羟基自由基的产生受溶液的 pH 影响较大，通常在高 pH 或低碱度情况下，臭氧分子迅速分解，强化了羟基自由基的氧化作用，反之在低 pH 或高碱度情况下，则是强化了臭氧直接反应的作用，这将有利于臭氧的充分利用而增强其脱色、去除有机物以及杀菌的效果。因此，可以通过控制溶液的 pH 和碱度达到控制臭氧反应途径的目的。由于天然水体中存在相当数量的碳酸根和重碳酸根，而且 pH 在 6～8.5 之间，因此可以推断对于饮用水，即使是受到污染的水体，臭氧仍然是通过 D 反应为主、R 反应为辅的途径来去除有机物。

3. 臭氧氧化技术特性

臭氧本身的特点决定了臭氧氧化技术具有以下特性：

（1）臭氧由于其氧化能力极强，可以通过氧化而去除水中大部分可被氧化的物质；

（2）臭氧化的反应速度较快，从而可以减小反应设备或构筑物的体积；

（3）剩余臭氧会迅速转化为氧气，能够增加水中的溶解氧，不产生污泥，不造成二次污染；

（4）在杀菌和杀灭病毒的同时，可以除嗅、除味；

（5）预臭氧化在一定条件下有助于絮凝，可以改善沉淀效果；

（6）臭氧可以提高生物活性炭的吸附与降解有机物的能力，延长活性炭的使用寿命。

饮用水的原水中通常含有少量的有机物，必须予以去除或降低其浓度，这些有机物包括腐殖酸、黄腐酸、蛋白质等大分子有机物，以及杀虫剂、酚等小分子合成有机物。采用臭氧氧化可以去除上述多种有机物，但在实际应用中，考虑到费用等因素，通常采用不完全的臭氧氧化，即只将一小部分有机物氧化降解为最终产物 CO_2 和 H_2O，而将大部分有机物氧化成中间产物，再由后续流程进一步去除。为了提高臭氧氧化的效果，近年来国内外逐渐开展了臭氧与过氧化氢、紫外、二氧化钛等催化剂联合氧化工艺的研究，发现在过氧化氢或紫外存在下，一些与臭氧不能直接反应的有机物得以氧化，但氧化的效果则与有机物的种类和水的 pH 等密切相关。

1.1.2　活性炭处理

活性炭是用含碳为主的物质作为原料，经高温炭化和活化等工艺制得的多孔疏水性吸附剂。活性炭外观为暗黑色，具有良好的吸附性能，化学稳定性好，可以耐强酸和强碱，能经受水浸、高温，是供生物生长的良好载体。几乎任何碳质原料都可以用来制造活性炭，其中植物类原料有木材、果壳、蔗渣、纸浆、锯末等，矿物类原料有褐煤、烟煤、无烟煤、泥炭等。选择不同的原料对活性炭性能有很大的影响，煤质活性炭因具有多孔性和高硬度的优点而在饮用水处理中得到最广泛地应用。

活性炭根据其形状分为粉末活性炭和颗粒活性炭两种。粉末活性炭的粒径为 $10\sim50\mu m$，用于去除水的臭味已有数十年的历史，通常是与絮凝剂一起连续地投加于原水中，经过混合、吸附水中的有机和无机杂质后，黏附在絮凝体上的炭粒大部分在沉淀池中成为污泥后排除，常应用于季节性水质恶化时的间歇处理以及投加不高的时候。颗粒活性炭可以铺设在快滤池的砂层上或在快滤池之后单独建造活性炭滤池，用于去除水中的有机物，当活性炭的吸附降解能力不能达到净水要求时，进行再生后可以重复使用。本手册主要涉及颗粒活性炭，以下着重介绍颗粒活性炭的性质、原理与工程应用情况。

1. 活性炭的基本结构和性能

活性炭的基本晶体结构与石墨类似，但在结构上缺乏完整性。Riley 根据射线衍射的研究，发现在活性炭中有两种不同类型的结构：一种类型是与石墨类似的二元结构，网平面平行，形成相等间隔，而层平面，在垂直方向上取向不完全，层与层之间的排列也不规则，即所谓的乱层结构。由具有乱层结构的炭排列成的一个单位，称作一个基本结晶，这个基本结晶的大小随炭化温度变化，大约由三个平行的石墨层所组成，其宽度约为一个炭六角形的九倍。这个基本结晶间的错动便成为孔隙，这是起吸附作用的部位。另一种类型是由炭六角形不规则交叉连接而成的空间格子所组成，石墨层平面中有歪斜现象。可以把这种结构看作是由于像氧那样的不同原子的侵入稳定化的结果，这样的不同原子的存在对活性炭的化学吸附和催化作用有较大影响。

活性炭的孔隙结构是在原料进行活化过程中，含碳有机物去除后使基本晶格间生成孔隙，形成很多各种形状和大小的独特结构细孔，活性炭的物理吸附与生物降解作用主要发生在这些细孔的表面。这些细孔壁的总面积即为活性炭的表面积，每克活性炭具有的表面积通常称为比表面积，活性炭的比表面积可以高达 $700\sim1600\text{m}^2/\text{g}$。由于这样大的比表面积，使活性炭具有较强的吸附能力，但是比表面积相同的活性炭其吸附量不一定相同，这是因为活性炭的孔隙结构和分布不同所致。活性炭的孔隙结构随活化方法及活化条件的不同而异，根据国际纯粹与应用化学联合会（IUPAC）的分类，活性炭的孔径可以分为 3 种：微孔（小孔）半径在 2nm 以下（其中一级微孔半径小于 0.8nm，二级微孔半径为 $0.8\sim2\text{nm}$)，中孔（过渡孔）半径为 $2\sim50\text{nm}$，大孔半径为 $50\sim10000\text{nm}$。一般活性炭微孔的容积约为 $0.15\sim0.90\text{mL}/\text{g}$，其比表面积占单位重量吸附剂总面积的 95％以上，因此活性炭与其他吸附剂相比，具有微孔特别发达的特征。中孔的容积为 $0.02\sim0.10\text{mL}/\text{g}$，比表面积不超过单位重量吸附剂总面积的 5％，但应用特殊的方法，例如延长活性炭的活化时间、减慢加温速度或用药剂活化时，则可以得到中孔特别发达的活性炭。大孔的容积一般为 $0.2\sim0.5\text{mL}/\text{g}$，比表面积只有 $0.5\sim2\text{m}^2/\text{g}$。

在水处理过程中，吸附质虽然可以被吸附在活性炭的大孔表面，但由于活性炭的大孔表面积所占的比例较小，因此对活性炭的吸附量影响不大，它主要是为吸附质的扩散提供通道，使吸附质通过此通道扩散到中孔和小孔中去，影响着吸附质的扩散速度。活性炭的中孔除为吸附质的扩散提供通道使吸附质通过它扩散到小孔中去而影响吸附质的扩散速度外，当吸附质的分子直径较大时，这时小孔几乎不起作用，活性炭对吸附质的吸附主要靠中孔来完成，这时中孔发达则是很有利的。因此，活性炭又可以分为大孔型活性炭和微孔型活性炭。

2. 活性炭净水基本原理

颗粒活性炭对水中溶解物质的去除主要是依靠吸附和降解作用来完成的。活性炭能够吸附水中的溶质分子主要是由于两种作用的结果，即溶质分子的憎水性和活性炭对溶质分子的吸附力。某溶质分子的亲水性越大则向活性炭表面运动的可能性越小，该溶质就越不易被吸附；另一方面，吸附剂与溶质之间的吸附可能是由静电吸附（离子吸附或交换吸附）、物理吸附（范德华力）和化学吸附三种力联合作用的结果，所以影响单一溶质吸附速率和程度的主要因素是溶质的极性和分子尺寸，吸附是随着溶质的极性和溶解度的增加而减少。

活性炭的吸附性能是由颗粒活性炭的吸附等温线和吸附动力学来决定的，其中吸附等温线给出颗粒活性炭的吸附容量，吸附动力学则给出颗粒活性炭的吸附速率，而颗粒活性炭的吸附等温线分为单溶质吸附等温线和混合溶质吸附等温线。在单一溶质的初始浓度为 $C_i(\text{mg}/\text{L})$、容积为 $V(\text{L})$ 的水样中投加活性炭 $m(\text{g})$，经过一定的吸附时间达到吸附平衡后，溶质浓度为 $C_e(\text{mg}/\text{L})$，则得每克活性炭在平衡时所吸附的溶质量为 $q_e(\text{mg}/\text{g}$ 炭)，q_e 与水中溶质的平衡浓度 C_e 相对应，代表活性炭在平衡浓度为 C_e 时的吸附能力，每个吸附试验可获得一组平衡的 q_e 和 C_e 值，在温度固定的条件下，如果对同样的溶质与颗粒活性炭进行一完整系列的吸附试验，从而可绘成一条 q_e 对 C_e 的曲线，这种曲线就称为吸附等温线。获取吸附等温线的工作非常费时，同时由于吸附试验涉及的因素复杂，稍有不慎，就会使吸附等温线的实用价值降低，甚至从中得出错误的结论。吸附等温线的试验数据常用曲线拟合的方法写成公式的形式，水处理中常见的吸附等温线公式有两个，一个是 Langmuir 公式，另一个是 Freunlich 公式。当几种化合物的吸附等温线已知后，可利用理想吸附溶液理论得出由这些化合物混合组成的溶液的合成吸附等温线。单组分溶质的吸附等温线与组分的初始浓度无关，但对于多组分溶质来说，不同的初始浓度会得出不同形式的吸附等温线，利用理想吸附溶液理论可把若干个与初始浓度无关的单组分吸附等温线合成一条能够反映初始浓度变化的多组分溶质的吸附等温线。颗粒活性炭的吸附动力学试验是在原水的溶质初始浓度为 C_0、容量为 V、投加适当活性炭量 m 的条件下，测定溶质浓度 C 随时间 t 的变化过程，这个过程也是一个间歇反应器的试验，但要求容量适当大，足以使取走所需测定浓度的水样后，反应器的水样容积可以视作基本不变，其他试验要求与颗粒活性炭的吸附容量试验一样。

臭氧活性炭工艺运行过程中，活性炭滤池出水会出现 pH 大幅度下降现象。研究表明，pH 降低主要由两方面原因引起：一方面，原水的碱度偏低，导致水的 pH 缓冲能力较低；另一方面，工艺过程中的酸度增加。酸度来源主要有二氧化碳、硝化作用、活性炭自身特性和水中残余有机物等几个方面。二氧化碳与水结合形成碳酸，引起酸度的变化。二氧化碳的来源主要有：TOC 被化学及生物完全氧化、细菌的内源呼吸、活性炭被臭氧氧化、活性炭吸附的有机物和空气中的二氧化碳溶解等。生物活性炭滤池属于生物膜型生物反应器，其中的三大微生物类群是异氧细菌、亚硝化细菌和硝化细菌。由于溶解氧充足、温度及 pH 适宜等因素，南方地区臭氧活性炭滤池中的硝化过程十分活跃。硝化过程中产生大量氢离子，使水的酸度增加。另外，活性炭表面性质会引起酸度的变化，其主要由表面官能团和吸附性能决定。活性炭表面既存在酸性含氧官能团，又存在碱性含氧官能团，使活性炭具有两性性质。其中呈现酸性的基团有羧基、酸酐、酚羟基、内脂基等，而碱性基团主要为过氧化基团。

3. 生物活性炭技术特性

颗粒活性炭在水处理中的应用是从颗粒活性炭吸附技术开始的，但由于微生物的广泛存在，并具有强大的适应性和繁殖能力，自颗粒活性炭被用于饮用水处理时起，微生物就直接参与了水的净化过程并发挥着积极的作用，只是当时颗粒活性炭的生物作用并没有引起人们的注意。对微生物在颗粒活性炭床上有利作用的深入研究开始于 20 世纪 60 年代末，美国的 Parkhurst 等人 1967 年在一篇颗粒活性炭用于污水三级处理的试验报告中指出在颗粒活性炭滤床内生长的微生物对通过炭床的废水起到了降低有机物的作用，当"生物活性炭"这一术语在 1978 年由美国的 Miller 和 Rice 提出后，生物活性炭技术即成为水质深度处理的新技术之一。

对于水中可吸附和可降解的有机物，吸附和降解之间将是竞争的相互作用。生物活动以颗粒活性炭表面形成的生物膜来体现，每毫升活性炭的表面约含有能形成 $10^5 \sim 10^8$ 个菌落单位的细菌，这些附着在颗粒活性炭表面的细菌形成一薄层厚度不均匀的生物膜，平均只是在每 $40 \mu m^2$ 的表面上有一个细菌，细菌的浓度以在活性炭大孔区最高。颗粒活性炭虽然能够同时具有吸附和降解两种功能，但这两种功能是否能够得到充分利用，则取决于有机物的可吸附性与可生物降解性。

随着生物活性炭技术研究的不断深入，应用也更加广泛，生物活性炭这一术语的含义也随之变化和充实。最初的生物活性炭定义是指在水处理工艺中臭氧化后活性炭滤池中的活性炭。由于臭氧化的作用，活性炭滤池处于好氧状态，有大量微生物生长于活性炭的表面，有利于对水中溶解性有机物的去除。在进一步的研究和应用过程中，其定义被扩充为在饮用水和废水处理中，表面长有好氧微生物的颗粒活性炭。臭氧化被认为是增强活性炭生物作用的必要条件，但臭氧化可能存在一个最佳剂量，过高的臭氧剂量会使活性炭吸附后的水质变差。

生物活性炭技术的主要优势是：

（1）活性炭的使用周期长，处理费用低；

（2）由于活性炭的吸附作用，提高了微生物的抗冲击负荷能力，避免了一些有害、有毒物质对微生物的伤害；

（3）活性炭表面生长的微生物附着牢固，不易脱落；

（4）由于活性炭的吸附作用，给微生物提供了丰富营养，有利于微生物生长。

1.1.3 高级氧化

高级氧化不是独立的深度处理工艺，需要与其他工艺组合形成深度处理工艺，本节仅介绍高级氧化的基本工艺原理。

高级氧化是通过光照或者催化氧化等产生羟基自由基（·OH）。·OH 作为主要氧化剂与有机物发生反应，反应中生成的有机自由基可以继续参加·OH 的链式反应，或者通过生成有机过氧化物自由基后，进一步发生氧化分解反应，直至将有机物降解成最终产物二氧化碳、水和矿物盐等，实现彻底降解。

1. 高级氧化工艺类型

在饮用水处理领域应用较多的高级氧化技术有臭氧氧化技术和光催化氧化技术。

（1）臭氧氧化技术

臭氧作为一种强氧化剂，直接与有机物反应时，有较强的选择性，通常只进攻具有双键等不饱和键的有机物，但臭氧在 UV 或 H_2O_2 的协同作用下可以产生大量的·OH，而·OH 对有机物几乎没有选择性，特别适合于氧化降解难以被臭氧直接氧化的有害物质。

H_2O_2/O_3 是饮用水处理中应用最广泛的高级氧化技术。H_2O_2 和 O_3 的联合使用可提高 O_3 向水中转移，对三氯乙烯（TCE）、四氯乙烯（PCE）、邻苯二甲酸二甲酯（DMP）等微量污染物去除效果强，可大幅度降低 O_3 消耗量。

采用 H_2O_2/O_3 高级氧化技术，H_2O_2 的投加能够有效促进 O_3 消耗，降低 BrO_3^- 的生成；当 O_3 浓度为 2.9～4.3mg/L 时，单独臭氧化过程中，BrO_3^- 生成量为 13～50μg/L，均超标，投加 H_2O_2 能够有效抑制 BrO_3^- 的产生，其抑制效果与 H_2O_2/O_3 的摩尔比有关。当 H_2O_2/O_3 摩尔比为 1.5 时，抑制效果最佳。当 O_3 浓度低于 3.72mg/L 时，可将 BrO_3^- 浓度控制在 10μg/L 以下，达到现行的饮用水标准；BrO_3^- 生成量与水力停留时间（HRT）成正比。当 O_3 浓度较高时，可通过适当缩短 HRT 控制出水 BrO_3^- 浓度。

H_2O_2/O_3 高级氧化工艺对有机物的去除具有强化作用，出水 UV_{254} 去除率可达 50%以上。

UV/O_3 的氧化处理效果也十分显著。采用 UV/O_3 工艺处理含少量乙醇、乙酸、甘氨酸、甘油和棕榈酸的水时，紫外辐射的作用可使氧化速率比 O_3 单独氧化提高 100～200倍。目前研究人员采用 UV/O_3 工艺已成功地氧化了水中的多氯联苯、狄氏剂、七氯环氧化物、氯丹、六氯苯、DDT、硫丹、马拉硫磷、三氯甲烷、四氯化碳等长期以来被认为难以处理的有机物。$UV/H_2O_2/O_3$ 技术是在 H_2O_2/O_3 和 UV/O_3 技术基础上发展起来的，它集 O_3 氧化、·OH 氧化、光解等作用于一体，对饮用水中的三卤甲烷、苯系物、多氯联苯、甲苯、六氯苯等均有较好的去除效果。

（2）光催化氧化技术

光催化氧化是指通过使半导体催化剂（如 TiO_2、WO_3、Fe_2O_3 等）在 UV 辐射下发生价带电子激发迁移产生羟基自由基来高效氧化有机物的过程。

光催化氧化工艺对饮用水中卤代烷烃类消毒副产物的光催化降解较单独光降解提高了 3～7 倍，烯烃和芳香类物质则提高了 2～3 倍，随着反应时间的延长，去除效果更明显。

对于水中的微量藻毒素（MCs），光催化氧化能够在很短的时间内将其完全分解，极大地提高了饮用水的安全性。通过对催化剂改性，还能够去除氨氮和脱色。

光催化氧化对 COD_{Mn}、UV_{254} 的去除效果明显。COD_{Mn} 去除率受进水浓度影响较大，初始 COD_{Mn} 较高时，其去除率相对较高；而初始 COD_{Mn} 较低时，去除率也相对较低，光催化氧化可有效地提升给水处理工艺对污染物的处理效果。未经光催化氧化时，所有常规处理工艺对 UV_{254} 的去除率仅为 57.3%，但经过后续的光催化氧化单元，UV_{254} 的去除率可提高到 92.0%。此外，光催化氧化对有毒有机物二氯苯酚有较好的处理效果，30min 内光催化氧化对 2,4-二氯苯酚的去除率约为 97.3%，几乎可以达到完全降解。

光催化氧化在实际运用中也存在一些问题，如催化剂长期使用后的中毒、再生回收以及对饮用水安全的影响等问题。同时光催化氧化所需设备复杂，处理费用也较高，这些都限制了它的大规模应用。

2. 臭氧催化氧化机理

臭氧主要通过以下两种途径与水中的有机物发生反应：一是直接反应途径，即 O_3 分子与有机物直接发生反应；二是间接反应途径，即 O_3 在水中通过一系列的反应分解产生强氧化性的自由基（主要是·OH），然后自由基再与有机物发生反应，该反应没有选择性且进行得非常迅速。

在实际的水处理中，臭氧氧化有机污染物主要通过直接反应途径，该过程存在以下四个缺点：（1）O_3 与有机物的直接反应具有较强的选择性，较易进攻具有双键等不饱和键的有机物，其反应速率常数通常在 10^0～$10^3 M^{-1} \cdot s^{-1}$ 量级；（2）O_3 与某些小分子有机酸（如草酸、乙酸等）的反应速率常数非常低，使得臭氧氧化有机物的最终产物多为小分子有机酸，这些小分子有机酸是后续消毒工艺中消毒副产物的前体物；（3）O_3 的利用效率通常比较低；（4）当水源水中存在一定浓度的溴离子时，臭氧氧化过程中易生成强致癌物溴酸盐，导致出水中的溴酸盐浓度超标。

由于·OH具有强氧化性、与有机物反应无选择性且反应十分迅速，因此在臭氧氧化的基础上，产生了一系列以促进O_3分解产生·OH为目的的高级氧化技术，即为臭氧催化氧化技术。臭氧催化氧化大体可以分为均相催化氧化和非均相催化氧化两类。均相催化氧化主要有金属离子/O_3、H_2O_2/O_3、UV/O_3、UV/H_2O_2/O_3等。

臭氧均相催化氧化反应的机理可能有两种：（1）Fe^{2+}、Mn^{2+}、Ni^{2+}、Co^{2+}等过渡金属离子促进臭氧分解产生氧化性极强的·OH，溶液中的金属离子引发O_3分解产生·O_2^-，·O_2^-传递一个电子给O_3分子生成·O_3^-，最终生成·OH；（2）金属离子与有机物分子形成更易参与臭氧反应的中间络合物从而被臭氧氧化。均相催化氧化反应具有催化活性高、反应速度快和催化剂投加量少等优点，缺点是反应后催化剂仍以金属离子或原位生成的金属氧化物絮体的形式存在于处理水中。为避免因催化剂流失而造成的处理成本升高及金属离子的污染问题，需要对处理后水中存在的金属离子催化剂进行回收利用或去除，这会导致催化臭氧化工艺的复杂化，且提高了水处理的成本。

与均相金属离子催化剂相比，非均相催化剂以固体形式存在，易于分离，既避免了催化剂的流失，也简化了工艺流程，从而降低了水的处理成本。近十几年来，非均相催化剂在我国的一些新建水厂和老水厂升级改造中得到应用。非均相催化氧化的催化剂主要是金属氧化物（MnO_2、TiO_2、Al_2O_3等）及负载于载体上的金属或金属氧化物（MnO_2/活性炭、Cu/Al_2O_3、Fe_2O_3/Al_2O_3等），其中负载或非负载的金属氧化物催化剂较为常见。用于水处理催化剂的载体主要有Al_2O_3、TiO_2、分子筛、沸石、活性炭、陶瓷、硅藻土和石墨等，在部分臭氧催化氧化技术的研究中也可直接使用这些载体自身作为催化剂。

金属氧化物催化臭氧氧化水中难降解的有机污染物的机理主要有三种：（1）金属氧化物表面的活性位引发臭氧的分解生成羟基自由基，羟基自由基吸附在催化剂表面、催化剂表面溶液层或者扩散至溶液中与有机物反应；（2）催化剂表面作为反应的场所，有机物吸附于催化剂表面活性基团，络合后降低反应的活化能，被臭氧分子氧化；（3）臭氧吸附在催化剂表面解离为含氧活性中间产物，与同样吸附于催化剂表面的有机污染物发生反应。

羟基自由基降解无机、有机物的反应速率见表1-1。水中常见的难降解有机物使用传统的氧化技术去除效果不佳，但这些有机物与羟基自由基的反应速率却极快，一般可以达到$10^8 \sim 10^{10} M^{-1} \cdot s^{-1}$级别。尤其是饮用水处理中常见的嗅味物质如土臭素（Geosmin）、2-甲基异莰醇（2-MIB）等，即使在水中的含量微少，由于极快的反应速率，也可以通过高级氧化工艺快速去除。同样，尽管碳酸盐、碳酸氢盐、亚铁、天然有机物等与羟基自由基的反应速率偏低，在$10^6 \sim 10^8 M^{-1} \cdot s^{-1}$之间，但是由于这些物质在天然水体中的浓度高，往往高出目标污染物几个数量级，因此，这些物质对羟基自由基的竞争应该引起重视，在进行高级氧化之前应通过各种途径进行控制。特别是天然有机物，由于本身的浓度高、对羟基自由基的反应亲和力高，因此应进行重点去除。

羟基自由基降解无机、有机物的反应速率　　表 1-1

化合物名称	与羟基自由基反应速率常数$(M^{-1} \cdot s^{-1})$
无机物	
氨	9.0×10^7
碳酸氢盐	8.5×10^6
溴化物	1.1×10^{10}
碳酸	3.9×10^8
氯	4.3×10^9
铁(Ⅱ)	3.2×10^8
过氧化氢	2.7×10^7
锰(Ⅱ)	3.0×10^7
臭氧	1.1×10^8
有机物	
醋酸根	7.0×10^7
丙酮	1.1×10^8
阿特拉津	2.6×10^9
苯	7.8×10^9
乙酸	4.3×10^7
氯苯	4.5×10^9
氯仿	5.0×10^6
2-氯酚	1.2×10^{10}
甲酸根	2.8×10^9
土臭素	$(1.4 \pm 0.3) \times 10^{10}$
甲基乙基酮	9.0×10^8
甲基三丁基醚	1.6×10^9
2-MIB	$(8.2 \pm 0.4) \times 10^9$
天然有机物	$(1.4 \sim 4.5) \times 10^8$
草酸	1.4×10^6
草酸根	1.0×10^7
1,2-二噁英	2.8×10^9
苯酚	6.6×10^9
四氯乙烯	2.6×10^9
1,1,1-三氯乙烯	4.0×10^7
1,1,2-三氯乙烯	1.1×10^8
三氯乙烯	4.2×10^9
三氯甲烷	5.0×10^6
尿素	7.9×10^5
氯乙烯	1.2×10^{10}

1.1.4 超滤膜处理

超滤膜处理不是独立的深度处理工艺，需要与其他工艺组合形成深度处理工艺，本节仅介绍超滤膜处理的基本工艺原理。

膜分离是指在水和水中成分之间或水中各类成分之间，以人造膜为隔断，用某种推动力来达到分离水中有关成分的过程。利用压力差为推动力的有反渗透（RO）、纳滤（NF）、超滤（UF）和微滤（MF）。在市政给水领域，超滤膜应用最为广泛。

超滤膜的切割分子量为 $10^3 \sim 10^6$ 道尔顿，孔径为 $10 \sim 100\text{nm}$，能有效截留水中的胶体、大分子化合物、病毒、细菌、藻类、原生生物等，操作压力低，相比常规净水工艺有着明显的技术优势。近年来膜产业得到了快速发展，膜材料和膜制备技术的不断完善，使得膜组件系统已经完全国产化，配套设备设施逐步完善，投资成本逐步降低，膜技术在国内外城市饮用水处理领域已得到了大规模应用。

1. 膜材料的发展

膜材料是膜工艺最关键的部分，也是超滤膜法水处理技术的基础，膜材料决定了膜制品的性能和使用寿命。

膜材质大体上可分为有机膜（聚合物）和无机膜。无机膜包括陶瓷膜、微孔玻璃膜、金属膜和碳分子筛膜。膜材料的开发趋势是继续开发高分子膜材料和无机膜材料。

超滤膜应用广泛的膜材料有聚丙烯（PP）、醋酸纤维（CA）、聚酰胺（PA）和聚砜（PS），也可采用聚偏氟乙烯（PVDF）、聚醚砜（PES）、聚四氟乙烯（PTFE）、聚氯乙烯（PVC）等，其中聚砜是 20 世纪 60 年代后期出现的一种新型工程塑料，由双酚 A 和 4,4-二氯二苯砜缩合制得，具有优良的化学稳定性、热稳定性和机械性能，聚偏氟乙烯也具有良好的溶剂相容性，聚醚砜以狭窄的孔径分布图谱而出众，得到了广泛的应用。聚氯乙烯材料来源丰富，价格低廉，膜具有较好的力学性能，并采用与亲水性材料共混、化学改性等方法提高了膜的亲水性，现已实现国产化，并逐步在国内饮用水领域得到应用。

无机超滤膜也已投入工业化生产。无机膜材料的制备始于 20 世纪 60 年代，长期以来发展不快。近来，随着膜分离技术及其应用的发展，无机膜日益受到重视并得到迅速发展。主要有陶瓷材料（氧化铝、二氧化锰、碳化硅和氧化锆），还可以采用玻璃、铝、不锈钢和增强的碳纤维作为膜材料，所有这些材料都具有比有机聚合物更好的化学稳定性、耐酸碱、耐高温、抗生物能力强及机械强度大等优点，在日本等国家水厂应用较多，但由于成本等原因国内水厂应用案例相对较少。

2. 超滤膜技术发展

1784 年法国学者阿贝（Abbe Nollet）发现水能自然地扩散到装有酒精溶液的猪膀胱里，发现并证实了渗透现象。1960 年索里拉金（Souriringan）和洛布（Loeb）制成了第一张高脱盐率和高通量的醋酸纤维素膜，为反渗透和超滤膜的分离技术奠定了基础，使膜分离技术进入了大规模工业化应用的时代。1961 年美国 Hevens 公司提出了管式膜组件的制造方法；1967 年美国杜邦（Dupont）公司研制出以尼龙-66 为膜材料的中空纤维膜组件，1970 年又研制出以芳香聚酰胺为膜材料的"Permasep B-9"中空纤维膜组件。1987

年开始研制低压过滤膜应用于生活饮用水处理，目前 6 英寸（15.24cm）以上直径、高通量，组件集束化、设备化的超滤器已经商业化。膜分离技术在美国以至全球快速发展并运用的同时我国也开始了膜技术的研究。

膜分离技术应用范围极其广泛，尤其在水处理领域更是得到世界各国的普遍重视，产业界和科技界都把膜技术当作 21 世纪工业技术发展中一项极为重要的高新技术，被美国环保署推荐为水处理之最佳工艺。我国膜技术的发展开始于 1958 年对离子交换膜的研究，1965 年开始了反渗透的探索，1966 年上海化工厂聚乙烯异相离子交换膜正式投产，为电渗析工业应用奠定了基础。1967 年海水淡化会战对我国膜科学技术的进步起到了积极的推动作用。1975 年开始进行超滤膜的研究，其后在国家"六五""七五""八五""九五"计划中膜技术均被列为重点项目开发研究。

世界各国对微滤和超滤技术在水处理中的应用情况表明，其在饮用水领域的应用已日益广泛，特别是近几年，超滤在自来水厂的应用，不仅日处理水量显著增加，而且自来水厂的单厂处理规模也越来越大，已有数座水厂的净化规模达到 30 万 m^3/d 以上，数座超过 30 万 m^3/d 的超滤水厂正在建设。超滤水厂的总处理量已从 1996 年的 20 万 m^3/d 达到 2006 年的 800 万 m^3/d 以上。随着膜制造技术的发展，膜和膜法水处理成本均已大幅度下降，增加了膜法与传统方法的竞争力。

在北美，现有 250 多座超滤和微滤水厂，总计处理量达到 300 万 m^3/d，主要分布在美国和加拿大。美国日处理量 1 万 m^3 以上的自来水厂已有 42 座，目前，仍有许多新建水厂及老水厂改造采用超滤工艺。选择超滤膜用于净水厂呈加速发展趋势，据统计，经膜滤的城市饮用水在美国已达 10%。今后，将重点发展超滤水厂，并用超滤对已建水厂进行改造。在欧洲，已有 33 座日处理能力在万吨以上的超滤水厂，主要分布在法国、英国、意大利、瑞士等国家。在英国已有 100 多家水厂采用超滤膜技术，总产水能力已达到 110 万 m^3/d。在亚洲，近几年的增长趋势显著。新加坡已建成一期规模为 27.5 万 m^3/d 的大型超滤自来水厂，日本的膜滤产水能力已达到 400 万 m^3/d（包括纳滤和反渗透工艺）。

同国外相比，我国水源水质污染更为复杂，也更加严重，因此多采用以超滤技术为核心的组合工艺，通过必要的预处理工艺有效去除有机污染物，使得超滤膜可以长时间稳定运行。近年来用超滤处理饮用水的试验和半生产性试验已遍及松花江、海河、黄河、长江、珠江等水系，并已建有多座超滤水厂，包括东营南郊水厂（10 万 m^3/d）、天津杨柳青水厂（5000 m^3/d）、无锡中桥水厂（15 万 m^3/d）、南通芦泾水厂（2.5 万 m^3/d）、浙江上虞上源闸水厂（3 万 m^3/d）、台湾拷潭水厂（30 万 m^3/d）等。目前，我国最大的超滤水厂是广州北部水厂（总规模 150 万 m^3/d，一期 60 万 m^3/d），已于 2019 年 10 月运行通水。超滤在城市自来水中的应用已日益普遍，总处理量现已超过 1%。

在城市饮用水领域中，国外膜水厂的 PVDF 超滤膜使用量最大，占 88% 左右；远远高于其他材质，且以外压式超滤工艺为主，占 84% 左右。国内水厂超滤工艺应用中，在超滤膜材质上分别采用了具有自主知识产权的国产 PVC 合金超滤膜和进口 PVDF 超滤膜，其中 PVC 合金超滤膜占市场份额达到近 50%。

1.2 深度处理工艺特点

1.2.1 臭氧活性炭工艺特点

臭氧活性炭工艺是目前我国应用最广泛的饮用水深度处理工艺。臭氧和活性炭处理联合使用，除可保持各自的优势外，臭氧对大分子的开链作用与充氧作用，为活性炭提供了更易吸附的小分子物质和产生生物活性炭作用的溶解氧，而臭氧化可能产生的有害物质，如醛类等，这些物质容易生物降解，因此，生物活性炭可以将其有效去除；同时一部分易被吸附的难降解有机物被氧化成易生物降解有机物，在活性炭滤池中通过生物作用被去除，从而延长了活性炭的使用寿命。

臭氧活性炭工艺中活性炭滤池去除污染物的运行可分为3个阶段：（1）活性炭吸附为主去除污染物：该阶段处于生物挂膜阶段，生物降解作用较弱；（2）吸附和生物降解同时作用去除污染物：随着时间的延长，活性炭的吸附能力下降，而活性炭表面的生物膜逐渐生长，生物降解污染物作用逐渐增强，并逐步由吸附为主向生物降解作用为主转变；（3）生物降解作用为主去除污染物：该阶段活性炭的吸附作用虽然存在，但相比于生物降解作用，其吸附所起的作用基本可以忽略，活性炭主要起生物载体作用，成为生物活性炭。通过检测分析，生物膜主要生长在活性炭表面的孔洞处，生物膜中主要有球菌、杆菌与丝状菌等，对生物降解去除有机物起到了主要作用。臭氧氧化和生物降解的作用延长了活性炭的使用寿命。

经臭氧活性炭工艺处理后的出水中有机组分很少，且含量甚微，在加氯消毒过程中，有机组分的含量一般处在卤代物生成的下限之下。臭氧活性炭工艺消除了可能生成卤代物的前体有机物，可以全面改善饮用水水质。

根据臭氧活性炭工艺去除污染物的原理及工艺特点，其适用的水质条件有以下几种类型：

（1）微污染地表水源

微污染水是受到低微有机污染的水源，有机物、色、嗅、味、重金属、硫、氮氧化物等无机物和病原微生物等物理、化学和微生物指标不能达到《地表水环境质量标准》GB 3838—2002中Ⅱ类标准的要求，一般为Ⅲ类标准的地表水源。

地表水源中的有机污染物一部分来源于生活性有机污染，其主要污染指标为高锰酸盐指数和氨氮，水质往往具有下列特点：有机物综合指标值较高（高锰酸盐指数）、氨氮浓度较高、嗅和味明显等。经过常规处理工艺处理后，出厂水难以达到饮用水水质标准。

（2）富营养化湖泊水库水

随着我国城镇经济的快速发展，含有大量氮、磷营养物质的生活污水、工业废水以及农田排水进入湖泊、水库，为藻类的生长繁殖提供了充足的营养，加速了水体的富营养化。目前，日趋严重的水体富营养化已成为全球性的环境问题。

因藻类大量繁殖引起的水源污染而造成的许多自来水厂被迫减产或停产，给饮用水安全供给带来了越来越严重的威胁。藻类及其代谢产物给传统净水工艺带来诸多不利影响。富营养湖泊水具有以下特征：

1）对水质产生不良的影响：使饮用水产生令人厌恶的嗅和味，部分蓝藻可产生高毒性的藻毒素。可产生嗅味的物质包括蓝藻中的席藻、鱼腥藻、微囊藻、束丝藻、颤藻、空球藻等的代谢产物，以及放线菌等微生物的分泌物向水体散发出臭气。同时，微囊藻和鱼腥藻等少数蓝藻细胞破裂后会释放微囊藻毒素。水体中藻类的大量存在，还可导致水的色度增大，耗氧量上升。因藻类死亡沉到水底形成腐殖质，藻类及其代谢产物是氯化消毒副产物的前体物，藻类愈多，氯化消毒后的水致突变活性就愈强。此外，富营养化水体往往伴随着高氨氮和高有机物浓度，导致饮用水的氨氮和耗氧量超标。

2）对混凝沉淀的影响：水中的藻类及其悬浮颗粒物质，电动电位在−40mV 以上，具有较高的稳定性，密度小，难于下沉，反冲洗频繁。如武汉东湖水厂每逢高藻季节，滤池反冲洗水量约占制水量的 6.5%；桂林市某水厂，在高藻期间，滤池每运行 1~2h 就要进行反冲洗，水厂自用水量高达 30% 左右。

3）对滤池的影响：藻类不易在混凝沉淀中去除，未去除的藻类进入滤池，容易造成滤池堵塞，从而使滤池运行周期缩短，反冲洗水量增加。尤其是当原水中硅藻密度过高时，容易在滤池表面堆积，造成严重堵塞。

4）对管网和管网水质的影响：穿透滤池进入管网的藻类可成为微生物繁殖的基质，促进细菌的生长，造成管网水质恶化，加速配水系统的腐蚀和结垢，使管网服务年限缩短。

目前我国富营养化湖泊水库水中含有大量藻类，藻类含量常年处于 10^7 个/L 水平，含量高时甚至超过 10^8 个/L，经过常规处理工艺处理后，出厂水的藻含量仍处于 10^6~10^7 个/L 水平。常规处理工艺的滤后水水质不符合饮用水标准时，可进行深度处理。如果污染较轻，可采用颗粒活性炭（GAC）滤池过滤。例如密云水库水源水质总体良好，季节性高藻可使嗅阈值增高。北京第九水厂在常规处理工艺后增加活性炭滤池，能够有效去除嗅味、藻类，出水效果良好。对于污染更重一些的水厂，可采用臭氧活性炭深度处理工艺。臭氧活性炭深度处理工艺可提高污染物去除效率，延长活性炭再生周期，在国内外广为应用。例如我国深圳梅林水厂、昆明第五水厂等，都有成功应用的先例。

（3）病原微生物污染水

病原微生物污染水主要指含有兰伯氏贾第鞭毛虫及其卵囊、隐孢子虫及其孢囊、剑水蚤、摇蚊幼虫等生物污染的水源水，不包括藻类生物污染。这类污染物本身可使人类致病，或者是人类某些疾病的中间媒介。因此在水处理工艺中，必须将这些病原微生物灭活或去除，才能保障饮用水的安全性。

臭氧可改变"两虫"的表面性质，使其失去活性，易于被后续的常规处理工艺有效去除，因此采用臭氧预氧化＋常规处理工艺、常规处理工艺＋臭氧活性炭工艺可完全去除原水中的"两虫"。对于剑水蚤、摇蚊幼虫等浮游或底栖类的生物污染，预氧化剂采用二氧化氯去除效果较好。因此对于污染程度中等的水厂，可采用预氧化处理工艺与常规处理工艺协同，或者采用常规处理工艺＋臭氧活性炭工艺，可获得良好的去除效果。

1.2.2　活性炭-超滤工艺特点

活性炭-膜过滤是活性炭处理与膜过滤相结合而构成的工艺，利用活性炭的吸附和降解作用，消除水中的溶解性有机物、致嗅物、消毒副产物前体物等污染物质，一定程度上改变水中有机物的成分组成，改善水质的同时缓解或降低超滤膜的污染。有研究发现，三卤甲烷形成潜力（THMFP）主要是由分子质量小于 10000 道尔顿的分子引起的，这部分低分子质量溶解性有机物常常是膜污染的主要因素。活性炭可采用投加粉末活性炭或设置颗粒活性炭吸附池的形式，从管理成本和现场环境卫生保持的角度看，一般在超滤工艺前设置颗粒活性炭吸附池为宜。对于原水状况较差，水质季节性波动大的水厂，可在净水生产的混凝反应段增设粉末活性炭应急投加工艺，以增强有机污染物的吸附效果，减轻后续工艺负荷。

传统工艺和活性炭吸附池对水源水中的病原原生动物（蓝伯氏贾第鞭毛虫孢囊、隐孢子虫卵囊）去除率较低，消毒剂氯和氯胺对隐孢子虫卵囊难以灭活。而超滤膜的孔径在 10～100nm 之间，能够分离分子质量为 500～1000000 道尔顿的大分子和胶体粒子，对隐孢子虫卵囊具有非常高的去除率，对病毒也有很好的去除效果，从而降低后续消毒剂投加量，减少消毒副产物的生成量。经超滤膜处理后水的生物安全性有了大幅度提高，因此，活性炭-超滤工艺在解决我国水源轻度污染、兼有微生物风险的水质，提高自来水化学稳定性和生物安全性方面具有一定的技术优势。

在工程应用方面，超滤系统供水规模灵活，仅需增减超滤膜组件即可；膜系统标准化、模块化和自动化程度高，相对传统水厂的建设周期要短，占地面积小；超滤膜有压力式和浸没式等形式可选，既可以利用水厂原有沉淀池和滤池改造成膜池，也可以新建超滤膜车间，因此较为适合老旧水厂的技术升级改造。目前国内规模较大（＞10 万 t/d）的膜饮用水厂超过 30 家，其中以活性炭-超滤为主的深度处理工艺，既可以应对微污染原水，又能提高饮用水的生物安全性，在国内应用较多。

从国内应用情况来看，生物活性炭与超滤膜组合形成的活性炭-超滤工艺可进一步去除原水中的溶解性有机物和氨氮，超滤工艺可有效控制工艺出水的颗粒数，保障了饮用水的生物安全性。但是饮用水中超滤膜的应用仍存在较多问题，根据调研结果，发现以活性炭-超滤为核心的饮用水深度处理工艺在应用过程中仍存在如下问题：（1）膜工艺均按膜供应商提供的参数运行，缺少生产性应用中膜工艺的性能、能耗评估与维护指南，江苏水厂通过工艺优化后取得了明显的节能效果；（2）在实际应用与研究中均发现，超滤膜的出水中仍存在大于 $2\mu m$ 的颗粒物，这意味着饮用水的生物安全性可能存在隐患，而且 BAC 出水中的颗粒物可能与原水中的颗粒物性质不同，这也使得膜对颗粒物的截留效果存在不确定性；（3）膜工艺在运行过程中均高频率地使用次氯酸钠等化学试剂提高了运行成本，运行较长年限后，膜组件中均出现膜丝的氧化、断裂现象，且无及时、准确的诊断方法；（4）对于能通过膜孔的溶解性有机物、金属离子、溶解性盐和一些小分子有机物控制效果较差；且污染物在膜表面累积会引起超滤膜污染，导致膜透水效能下降以及能量消耗增加；（5）超滤膜运行需要压力驱动及通过物理化学清洗降低膜污染，导致运行成本增加。

1.2.3 高级氧化组合工艺特点

与单独臭氧氧化相比，高级氧化具有以下四个优点：

（1）高效氧化分解水中难以被单独 O_3 氧化的难降解有机污染物。

在臭氧催化氧化体系中，除了少数几种催化剂是通过络合作用来提高有机物去除效果以外，绝大部分的催化剂是以促进液相中 O_3 分解产生更多的·OH 为目的。硝基苯的降解效果取决于臭氧分解产生羟基自由基的速度和量，因此硝基苯可视为水体系臭氧氧化过程中产生羟基自由基的一种探测物质。如图 1-1、表 1-2、表 1-3 所示，在同样的反应条件下，蜂窝陶瓷的加入相对于单臭氧投加，对硝基苯的去除率显著提升，表明蜂窝陶瓷的加入能有效提高溶液中·OH 的生成量。而在蜂窝陶瓷上进行合适的金属氧化物负载改性能更进一步地促进溶液中的 O_3 有效地分解转化生成·OH。

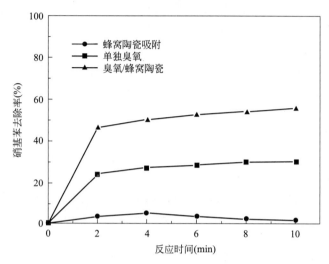

图 1-1　蜂窝陶瓷催化臭氧氧化对硝基苯降解效能

单组分金属负载催化剂的性能　　表 1-2

负载金属元素	Ba	Ca	Zn	Ni	蜂窝	Y-Al$_2$O$_3$	Fe	Sr	Mn	Cu	Ag	Cd
去除率(%)	99.86	98.11	81.13	80.17	56.32	41.89	51.91	50.95	66.89	64.12	33.43	14.63
吸附去除率(%)	1.08	1.15	5.47	3.98	1.98	6.07	5.84	2.52	0.84	2.10	8.14	0.65
比表面积(m^2/g)	1.812	11.830	0.994	2.206	0.351	22.575	3.289	1.796	2.548	1.847	1.756	1.738
ΔpH	3.29	4.95	−0.03	0.13	0.02	−0.30	−0.18	0.50	0.12	0.18	0.13	0.14
金属负载量(%)	2.23	3.83	3.58	8.73	—	3.54	5.96	0.33	4.81	5.85	4.57	3.48

注：硝基苯初始浓度 50μg/L；温度 (21±1)℃；pH 6.70；臭氧量 1.0mg/L；蜂窝陶瓷 5 个。

双组分金属负载催化剂的性能　　表 1-3

负载金属元素名称		Mn-Cu	Mn-Fe	Ni-Fe	Ni-Cu
去除率(%)		77.80	70.96	60.75	63.48
吸附去除率(%)		2.67	2.11	2.21	3.11
比表面积(m^2/g)		2.591	1.282	2.337	1.870
ΔpH		0.03	−0.07	0.07	−0.03
金属负载量(%)	X	2.54	2.45	3.18	2.36
	Y	1.10	2.68	2.14	0.68

（2）高效氧化去除反应中间产物，减少消毒副产物前体物的生成量。

由于臭氧与小分子有机酸的反应速率通常比较慢，所以臭氧氧化经常会导致小分子有机酸的积累。而很多研究都表明催化剂的加入不仅能显著提高难降解有机污染物的去除，而且能有效氧化反应过程中生成的小分子中间产物，减少消毒副产物前体物的生成量。

（3）提高臭氧的利用效率。

不论是氧化去除难降解有机污染物，还是降解小分子有机酸，催化剂的存在都能显著提高 O_3 的利用率。即使在实际生产中，催化剂的加入也可以提高 O_3 的利用效率。

（4）有效控制臭氧氧化过程中溴酸盐的生成。

在《生活饮用水卫生标准》GB 5749—2006 中，出水中溴酸盐的浓度被要求控制在 $10\mu g/L$ 以内。针对美国和欧洲的 150 多个给水厂的出水中溴酸盐浓度的调查结果表明，大约 94％的水厂出水中溴酸盐浓度低于 $10\mu g/L$。而在我国，由于一些地方的水源水受到污染，不像欧洲和美国的给水厂那样主要用 O_3 作消毒剂（臭氧投加量比较低），而是用于水中有机微污染物的氧化去除，因而通常需要较高的 O_3 投加量或两阶段臭氧氧化（臭氧预氧化和中间臭氧氧化），从而更容易导致被处理水中产生高浓度的溴酸盐。当污染严重的水源水中存在一定浓度的溴离子时，就面临着有机微污染物的高效去除和减少臭氧氧化过程中溴酸盐生成的两难选择。

为了减少臭氧氧化过程中溴酸根的生成，加过氧化氢、CeO_2 等催化剂会降低臭氧氧化过程中溴酸盐的生成量，对于饮用水的深度处理具有重要意义。

1.3 深度处理工艺主要风险

1.3.1 臭氧氧化副产物风险

臭氧活性炭工艺虽然能够有效去除水中的微量污染物，提供清洁、安全的饮用水，但在制水过程中却存在生成对人体有害的副产物的风险。一方面当原水中含有溴离子时（如水源受咸潮影响或受到其他溴离子污染），臭氧化过程可能产生潜在致癌物质——溴酸盐（BrO_3^-）；另一方面臭氧的氧化分解作用可改变水中有机物的结构，增加可生化有机物（AOC）的含量，造成出水的生物稳定性降低，加大饮用水被二次污染的风险。溴酸盐属于饮用水中的低剂量有毒有害物质，已被国际癌症研究机构列为 2B 级（较高致癌可能性）潜在致癌物。我国《生活饮用水卫生标准》GB 5749—2006 和《食品安全国家标准 饮用天然矿泉水》GB 8537—2018 都对溴酸盐提出严格限值 $10\mu g/L$，因此，臭氧活性炭工艺需要控制和去除工艺过程中的溴酸盐，以满足饮用水健康安全的要求。AOC 是表征饮用水微生物安全性的重要指标，生物活性炭发达的孔隙结构，对水中有机营养物质具有强烈的吸附和富集能力，从而给微生物的生长繁殖提供了理想的食物环境，促进了工艺对水中有机污染物的去除效果，但同时也增加了微生物泄漏的风险，若不能有效控制出水中的 AOC 含量，会造成饮用水中微生物滋生，影响饮用水的生物安全性，所以必须针对臭氧活性炭技术的工艺特点控制 AOC 水平，以确保工艺的出水安全。

针对饮用水中溴酸盐和 AOC 的生成过程控制和终产物的去除，根据其过程影响因素，控制方法可以分为前体物控制（事前控制）、生成控制（事中控制）和末端控制（事后控制）。前体物控制是通过改变原水性质，降低原水生成副产物的潜在风险；生成控制是对副产物生成过程进行干扰，破坏副产物生成的环境，抑制副产物的生成；末端控制是对已经生成的副产物进行去除。在臭氧活性炭工艺中，针对不同水源水质特点，优化选择副产物的控制方法，能够有效降低出水中的溴酸盐和 AOC 浓度，保障出水的安全。

1.3.2　pH 衰减风险

臭氧活性炭工艺运行过程中，其出水会出现 pH 衰减现象。通过对砂滤池、主臭氧接触池及活性炭滤池出水 pH 及酸度的测定，可以得出主臭氧和活性炭过滤过程中的酸度增加量，在水中碱度较低的前提下，臭氧活性炭工艺出水 pH 下降，是由于水中酸度增加引起的。工艺过程中增加的酸度来源主要有四个：二氧化碳、硝化作用、活性炭自身特性和水中残余有机物。

（1）二氧化碳产生的酸度

二氧化碳与水结合形成碳酸，引起酸度的变化。臭氧活性炭工艺中二氧化碳有以下几个来源：TOC 被化学及生物完全氧化、细菌的内源呼吸、活性炭被臭氧氧化、活性炭吸附的有机物、空气中的二氧化碳溶解等。根据 pH 和碱度的测定结果，可以计算出各工艺出水中二氧化碳产生的酸度。

（2）硝化作用产生的酸度

生物活性炭滤池属于生物膜型生物反应器，其中的三大微生物类群是异养细菌、亚硝化细菌和硝化细菌。由于溶解氧充足、温度及 pH 适宜等因素，南方地区臭氧活性炭滤池中的硝化过程十分活跃。硝化过程中产生大量氢离子，使水的酸度增加。理论上氧化 1g 的 NH_3-N 需要碱度 7.14g（以 $CaCO_3$ 计）。由于存在有机氮转化等更为复杂的因素，因此不能用硝酸盐氮、亚硝酸盐氮和氨氮（三氮）之间的转化来估算硝化过程产生的酸度。硝化作用产生的酸度，可根据亚氯酸钠选择性抑制硝化反应的特性，通过对比的办法测定。具体方法为：取一定量活性炭滤池滤料，用 0.2mg/L 的亚氯酸钠浸泡 12h，用主臭氧出水漂洗后以 $V_{炭粒}:V_{臭氧出水}=0.9:1$ 反应 12min 后，计算反应前后酸度的变化，同时与未浸泡的炭粒作对比，即可计算出炭滤过程中硝化作用产生的酸度。

（3）活性炭表面性质变化产生的酸度

活性炭表面性质会引起酸度变化，主要是由表面官能团和吸附性能决定的。活性炭表面既存在酸性含氧官能团，又存在碱性含氧官能团，使活性炭具有两性性质。其中呈现酸性的基团有羧基、酸酐、酚羟基、内酯基等，而碱性基团主要为过氧化基团。活性炭含氧官能团的数量随着使用时间的延长而下降。

（4）水中残余有机物产生的酸度

经过臭氧活性炭工艺处理的出水中，醛类、过氧化物、邻苯二甲酸及其衍生物、炔酸类以及部分醇类等有机物占的比例较大，这些组分都会使水的酸度增加。水中残余有机物产生的酸度，采用下式计算：残余有机物产生的酸度＝所需外源性酸度总量－二氧化碳产生的酸度－硝化作用产生的酸度－活性炭自身产生的酸度。实际工程案例水质计算结果表明，炭滤过程中水中残余有机物产生的酸度远高于主臭氧过程。

新 pH 调节技术措施先通过炭前加碱对活性炭滤料进行原位改性，增加其含氧官能团数量，提高活性炭滤池出水 pH 平衡点，再通过调节净化水 pH 使其出水维持在其平衡点处。

与原先的炭后调节 pH 相比，新 pH 调节技术有以下优势：

（1）在活性炭滤池前加碱调节净化水 pH 至设定范围，在活性炭滤池的缓冲作用下，其出水 pH 可维持在平衡点处，变化幅度小，利于运行控制。

（2）在活性炭滤池前加碱调节净化水 pH，适合在砂滤池前加碱，净化水经过砂滤与炭滤双重过滤保护，碱剂可以不限于烧碱。碱剂改用石灰更加合适，不仅降低了成本，还可以提高珠三角地区低碱低硬度水源的钙硬度，对防止给水管网腐蚀十分有利，对人体健康也是有益的。

1.3.3　微生物泄漏风险

活性炭对微生物的吸附作用以及微生物在活性炭中大量繁殖，进一步促进了微生物对水体污染物的代谢作用，从而通过生物降解加快对水中污染物的去除，形成生物活性炭，这也是稳定运行期生物活性炭去除污染物的主要途径。活性炭滤池对水处理中的病毒、噬菌体等没有过滤去除作用，而对某些在活性炭滤池中没有繁殖能力的细菌存在一定的去除作用。活性炭表面附着的活性生物膜以细菌为主。在活性炭滤池中，表层营养物质丰富，溶解氧含量高，因而活性炭附着细菌数量大，代谢能力强，以好氧菌为主；而在活性炭滤池底部，随着溶解氧与基质含量下降，细菌数量减少，且以厌氧及兼氧菌为主。

生物活性炭中的微生物量与活性炭结构、水质、气候条件、运行时间等多种因素相关。活性炭中进水区与中层细菌密度高于下层，出现明显的沿炭床深度密度由高变低的相关趋势。由于活性炭表面的化学反应及生物膜上细菌的消耗，水中的溶解氧与有机物在沿途被消耗，在下向流活性炭滤池中，中下层炭层的生物膜由于营养的匮乏与较低水平的溶解氧限制而处于较低的细菌密度水平。一般进入活性炭滤池的水中含有一定量的余臭氧，对细菌具有生物毒性，因此最表层炭滤料层表面生物膜生长受到抑制，其细菌密度也较低。活性炭颗粒表面的细菌密度还与水温有关，水温较低的情况下，细菌的生物活性与繁殖速率处于较低水平，活性炭颗粒表面的细菌密度较低。

活性炭滤池出水中异养性细菌占出水细菌总数的比例在工艺运行初期先增后减，水中细菌总数量级水平会出现周期性的波动变化，这与生物膜在挂膜初期不稳定及脱落情况有关。在活性炭滤池运行的稳定期，生物活性炭滤池中炭粒表面和空隙中存在的以细菌为主的微生物，在水流冲刷作用下，从活性炭上脱离进入活性炭滤池出水中，因此活性炭滤池出水中的细菌数常高于进水。生物膜在生长过程中也会出现老化脱落的现象，从而导致活性炭滤池出水中微生物含量的持续或异常升高，产生微生物泄漏。当炭层上的微生物大量脱落进入水体中，导致活性炭滤池出水中微生物含量异常上升，超过水厂正常消毒的能力时，可能引发饮用水的微生物风险。

根据我国南方地区的研究结果，虽然活性炭滤池中细菌微生物的种类十分丰富，但鉴定出的病原菌很少，只发现了铜绿假单胞菌（Pseudomonas aeruginosa）、鲍曼不动杆菌（Acinetobacter baumanii）和分枝杆菌三种条件致病菌。根据对活性炭滤池进、出水中细菌鉴定结果的分析，这些细菌均来自于原水，不是在活性炭滤池中产生的。三种代表性病原菌在生物活性炭滤池中均不能大量增殖。这是由于生物活性炭滤池内属于贫营养环境，并不是营寄生生活方式的病原菌所理想的存活环境。

生物活性炭滤池受突发病原污染时，可采取加氯反冲洗与出水强化消毒的联合措施予以控制。对炭上同等浓度病原菌的灭活率，所需的有效氯浓度远高于水中病原菌灭活所需。这是由于病原菌附着在活性炭颗粒上，对氯的抗性增加。在实际生产中对滤池内的病原菌进行灭活控制，单纯加氯灭活炭上病原菌需要较大的药耗。试验结果表明，炭上病原菌在加氯灭活 CT 值较低的情况下，均会有不同程度的残留。在加氯反冲洗不均的情况下，存在病原菌泄漏风险。需要多次反冲洗，使炭上残留病原菌处于泄漏中期至末期的水平，活性炭滤池可能泄漏的病原菌则可以经过出水消毒单元而去除。

超滤膜能截留水中的微生物和部分病毒，但没有杀菌作用。使用时间长了，超滤膜表面就会截留大量微生物。微生物中的藻类由于其黏附性强易黏附在超滤膜表面，当膜运行中的自清洗不完全时，藻类繁殖从而导致堵塞膜微孔，使超滤膜无法工作。甚至当膜发生断丝时，大量微生物会直接进入饮用水中，引发饮用水微生物泄漏风险。因此，需要定期对超滤膜进行物理和化学清洗以及监测膜丝完好情况，及时修复发生断丝的膜组件。用于膜反冲洗的水应取自膜出水或出厂水，且应加入一定量的氯消毒剂。

1.3.4　微型动物滋生风险

供水系统中存在微型动物的问题很早就引起了人们的关注，水源中的无脊椎动物随原水进入水处理系统，经过混凝—沉淀—过滤的常规净水系统后，绝大部分能够被去除，在臭氧活性炭深度处理水厂，由于生物活性炭滤池中溶解氧含量高、微生物和有机质丰富，适合于水生微型动物生长繁殖，相比常规处理工艺水厂，其出水中存在微型动物的可能性更高。活性炭滤池出水中微型动物的种类和密度与原水性质、原水中微型动物的种类和密度以及水厂的工艺过程密切相关。调查表明，以地表水为水源的水厂，生物活性炭滤池及其出水中的微型动物种类丰富，主要类群有轮虫、枝角类、桡足类、线虫、摇蚊幼虫、腹毛类、寡毛类动物等，其中轮虫为绝对优势种类。而在以地下水为水源的深度处理水厂，活性炭滤池出水中的微型动物则以线虫为主，还有少量的腹毛类、轮虫和环节动物。

无脊椎动物对饮用水水质的影响首先表现在对感官的影响，饮用水中存在无脊椎动物在感官上是不能被接受的。因此，用户在饮用水中发现肉眼可见的无脊椎动物，首先会联想到不洁的卫生状况，从而导致对水质的抱怨和投诉。人肉眼可见的最小物体为 0.1～0.2mm。在饮用水中发现的无脊椎动物，除原生动物以外，其他很多种类均达到了肉眼可见范围，水生线形动物可长达数十厘米，如果出现在饮用水中，足以引起恐慌；摇蚊幼虫，虽然占在饮用水中所发现的无脊椎动物的比例很低，但由于其形状和容易引起关注的红色，因此占有关无脊椎动物投诉的大部分；枝角类和桡足类的活体，在水中作跳跃运动，也很容易被肉眼看见。我国现行《生活饮用水卫生标准》GB 5749—2006 中明确规定，生活饮用水中不得有肉眼可见的异物。

无脊椎动物对饮用水水质影响的另一个重要方面是潜在致病风险，主要表现在两个方面：一是某些无脊椎动物是寄生虫中间宿主，人们可能通过接触饮用水中的无脊椎动物而受到寄生虫感染；二是无脊椎动物可能成为某些致病微生物的栖身居所，从而逃避水处理过程中的消毒。寄生虫风险方面，最典型的代表是剑水蚤，在热带或亚热带国家，剑水蚤是麦地那线虫的中间宿主，被剑水蚤污染的饮用水是麦地那线虫唯一的传播途径，人类吞食含有剑水蚤的饮用水，麦地那线虫的幼虫可被释放到胃中，侵入小肠和腹膜壁引起疾病。此外，剑水蚤科和镖水蚤科中的许多种类是绦虫、吸虫和线虫等蠕虫的中间宿主，其终宿主是人、狗、猫等，我国以及世界各地均有大量人通过桡足类动物感染绦虫的病例报道。

微生物风险方面，有研究证明饮用水中的线虫能吞食沙门氏菌（Salmonella）和志贺氏菌（Shigella），48h后线虫肠道中还有1%的致病微生物存活，经过氯消毒后，线虫仍能够排泄出活体的沙门氏菌。除线虫外，端足目动物（amphipods）Hyalellaazteca能够与埃希氏大肠氏菌（Escherichia coli）和阴沟肠杆菌（Enterobacter cloacae）结合，每个Hyalellaazteca所结合的细菌分别为 1.6×10^4 个和 1.4×10^3 个；采用1mg/L氯消毒60min后，与Hyalellaazteca结合的埃希氏大肠氏菌存活率仍达到2%，与Hyalellaazteca结合的阴沟肠杆菌存活率还高达15%。

在无脊椎动物污染高发地区，应考虑增设无脊椎动物多级屏障设施：

（1）多级氧化设施。包括原水取水口或取水泵站预氧化设施、水厂预氧化设施、沉后水/炭后水/出厂水氧化剂投加设施。在无脊椎动物污染高发地区，原水预氧化设施是必要的，而沉后水氧化剂投加设施可酌情选择。

（2）活性炭滤池砂垫层。炭层下设置砂垫层对于拦截甲壳类浮游动物具有明显的效果，新建水厂建议在炭层之下、承托层之上设300～500mm厚砂垫层，参考粒径0.6～1.0mm。对于老水厂，如果活性炭滤池桡足类生物穿透严重，建议增设砂垫层。

（3）强化滤池反冲洗设施。在无脊椎动物的高发季，在石英砂滤池或活性炭滤池进行反冲洗时，在反冲洗水中加入含有效氯物质（次氯酸钠、氯、二氧化氯和氯胺等）可较为有效地去除滤池中过量滋生的无脊椎动物，所以应考虑增设滤池反冲洗加氯设施。

（4）炭后水截留措施。在无脊椎动物高发季，如通过以上设施活性炭滤池出水中无脊椎动物数量仍超过控制标准，则应在活性炭滤池后设无脊椎动物拦截滤网，滤网孔径200μm。所以水厂设计和改造时应考虑预留添加滤网的空间。

1.4　深度处理工艺风险管控方法

深度处理工艺是在常规处理工艺基础上增加的饮用水处理工艺，随着工艺环节加长，水质控制点增多，其潜在的运行管理风险也随之增多，运行管理风险还受地域、水源水质特征、设施设备选型及季节等诸多因素影响而变得纷繁复杂。因此，深度处理水厂更应在日常运行管理中，以水质为核心，加强全过程的风险管控意识。全过程的水质风险管控是指在供水系统运行过程中，对各环节的影响因素进行风险评估，并提出相应控制措施，促进饮用水从"源头"至"龙头"的水质安全技术保障能力整体提升。通过供水系统全过程的水质风险管控，以净水过程为中心，监控城镇供水厂前端、中端、管网末端水质变化反馈，促进整体水质净化工艺优化，有效保障整体净水工艺的前后联动，以全局视角管控净水生产全过程。

全过程水质风险管控的方法包括危害分析及关键控制点（HACCP）以及以此为基础的水安全计划（WSPs）等方法，都是在全面梳理供水系统的基础上，识别、评估供水系统存在的风险，并提出相应的控制措施，实施预防为先的质量安全管控，从而提高了供水水质安全保障的风险管控方法。本节重点介绍和分析HACCP实施风险综合管控的发展、应用和方法特点。

20世纪60年代，美国航空航天局以及Pillsbury公司在联合开展的一个太空食品安全项目中开发了一套基于过程控制的质量管理体系——危害分析及关键控制点（Hazard Analysis and Critical Control Points，HACCP）。1971年Pillsbury公司正式公布了这一体系，HACCP体系在美国乃至全球食品行业得到了日益广泛的应用。20世纪90年代，瑞士、澳大利亚和冰岛等国家将HACCP原理通过立法的形式推广到城市给水系统水质风险管理的实践中，美国、加拿大、法国、德国、捷克、新加坡、日本等国家将HACCP体系应用于城市给水系统的各个环节。WHO于2011年修订并发布了《饮用水水质准则》第四版，吸收了HACCP体系的原理，同时结合水行业"多屏障保护"等水质管理理念，提出了水安全计划（WSPs）的框架和方法，强调饮用水的生产由产品控制转变为过程控制。WSPs体系的核心是HACCP的原理、方法，供水系统结合行业本身具体区别于普通食品行业的特点而建立的HACCP体系即可认为同时也符合WSPs体系要求。两个体系的主要区别是在外部第三方的审核、认证等方面，HACCP体系在这方面有更加成熟和严格的要求。

澳大利亚是最早将HACCP体系应用于供水系统的国家之一，同时也是首个在供水企业获得HACCP认证的国家。新加坡在水质管理方面也走在前列，其水源、自来水厂和供水管网三个系统较早之前已经分别经过HACCP认证。这些体系成功运行后，使水质管理的重点集中到了对关键点的控制上；在提高水质保障程度的同时未造成很大的费用支出；密切了政府部门和供水企业的协作关系，为进一步的水质审查提供了基础。2005年12月，由世界卫生组织、国际水协会、原建设部、原卫生部等机构共同在我国开展了"水安全计划"试点培训，并选择了天津、深圳和宁夏中卫三地进行试点实施，天津地区试点水司为天津泰达水业有限公司；深圳地区试点水司为深圳招商水务有限公司。试点实践表明，ISO认证的基础，对WSPs体系的建立有一定帮助；应注重与企业原有水安全管理体系相结合，并强调先期主动的预防性多屏障风险控制。

2009年，深圳市水务（集团）有限公司在国内率先尝试将HACCP体系引入供水行业，针对梅林水厂深度处理工艺，开展HACCP水质风险管控，实现了从简单化、粗放式管理到标准化、精细化管理的转化，为进一步提升水质保障水平奠定了良好的基础。

HACCP体系作为一种评估危害和建立控制体系的工具，应用于水厂，关注的是从原水到出厂水整个工艺生产过程，着眼于每个工艺步骤所有可能存在的潜在危害。以碱铝投加控制单元为例，引入HACCP管理，其关注的不再是该单元的基本作业标准，而是从化学、物理、生物等多角度分析其过程中所有可能的潜在危害，并通过可能性、严重性、不可探测性三个维度依次对每项危害进行评分，通过对所列混凝剂品质不合格、铝超标、浊度偏高、断药4种潜在危害的鉴别，将其中的3种危害（铝超标、浊度偏高、断药）评定为现阶段影响该厂饮用水安全性的显著危害，同时将碱铝投加控制单元评定为关键控制点，通过对其制定并实施有效的监控手段及纠偏措施，使铝超标、浊度偏高、断药这3种潜在危害得以有效预防或最大限度的降低。HACCP每一个关键点都强调临界点控制和纠偏行动，管控手段特征显著。对于关键点的关键指标，HACCP要求提升监控手段和力度，确保详尽的表格记录，并实施临界点控制。关键指标临界值的设定一般都高于国家标准或内控指标要求，一旦发现现场值快要偏离或正在偏离临界值时，应立即采取纠偏行动，以有效防范危害的发生或进一步扩大。例如，碱铝投加控制单元的铝超标危害，国家标准是出厂水余铝值小于0.2mg/L，临界值设定为砂滤后水余铝值0.18mg/L，运行人员通过监控每天的检测数据，一旦发现砂滤后水余铝值逐渐上升，并接近0.18mg/L时，就须立即采取纠偏行动，使之有效控制在0.18mg/L以内，从而确保铝超标的风险得以有效预防。

综上所述，HACCP提供了一套科学适用的管理方法和原则，通过抓重点，在过程控制的基础上强化了关键点的风险预防管理，是持续保证饮用水供应安全的有效手段，是建立更加稳定、可靠、系统和预防为先的饮用水安全管理体系的有效途径。

1.5 深度处理工艺技术展望

深度处理工艺在饮用水处理过程中体现出针对性强、出水水质稳定、应用范围广等特点，对水质的提升效果显著，工艺优势突出。但是，深度处理工艺在运行优化、生物风险控制等方面仍存在提升空间；此外，随着饮用水水源污染的复杂化和饮用水水质标准的不断提高，深度处理工艺可能会面临对新型污染物去除与控制要求的挑战；部分地区龙头水直饮的需求，呼唤着深度处理工艺运行管理理念与管理模式的进一步升级。以上种种，需要对深度处理工艺进行持续深入的研究，使深度处理工艺为我国饮用水处理行业的发展贡献出更重要的作用。

（1）现有工艺仍存在进一步优化的空间

1）臭氧氧化单元需要建立能够更加科学、精准地投加臭氧的运行管理方法。适宜的臭氧投加量是随着季节、温度、有机物组分、pH等因素不断变化的，水厂运行人员一般是利用余臭氧值结合生产经验实现对臭氧投加量的管理，随意性较强，存在投加量不合适的问题。因此，有必要加强对原水有机物随时空变化规律、臭氧投加量、接触时间、剩余臭氧量、臭氧前后有机物组成变化等情况的研究，结合信息化手段，实现臭氧投加与氧化效率的实时监控及反馈，提出可复制的、适合水源时空变化的臭氧动态投加运行管理方法。

2）生物活性炭滤池运行过程中，保证生物降解效果与控制生物风险之间的权衡与拿捏，还需要进行更深入的探讨。生物活性炭滤池在运行1～2年后，活性炭吸附性能会大幅度下降，对有机物的去除主要利用生物降解功能，但微生物的过度生长会带来生物膜大量脱落、微型动物滋生等生物风险；另一方面，以含氯水反冲洗的方式控制微型动物滋生的措施，会对活性炭孔隙结构造成破坏、加速活性炭的失效。在保证生物降解效果与控制生物风险之间如何权衡与拿捏的问题，在炭龄较长的水厂尤为突出，要解决这一问题，需要运行管理和技术人员持续进行探索和研究，找到最优的平衡点。

3）微型动物繁殖和穿透问题一直是臭氧活性炭深度处理工艺在南方湿热地区应用时存在的难题，并且，国际国内的饮用水水质标准中没有微型动物的相关要求，因此对饮用水中水生微型动物的控制研究起步相对较晚。在过往的水专项研究中形成了微型动物风险控制的成套技术，并进行了应用与示范，但这些集成技术存在一定的局限性，例如控制点相对较多、增加了运行管理工作量、控制措施尚未实现自动化等。因此有必要持续开展后续研究，打破现有技术存在的局限。

4）供水系统中"耐氯菌"的存在降低了水质的生物安全性，芽孢杆菌是"耐氯菌"中常见的一种，广泛在养殖业使用，可通过面源污染进入水库和供水系统中。臭氧活性炭工艺在一定程度上能降低原水中微生物的多样性及丰度，臭氧能够对梭型芽孢杆菌起到较好的控制效果，但针对臭氧及其与次氯酸钠、紫外等消毒技术联用的工艺条件、灭活效果缺乏进一步的研究，针对"耐氯菌"的识别、预警及控制措施还有待展开持续探索。

　　5）高级氧化和膜技术针对特定的目标污染物处理效率高、效果好，单独使用或者联用为饮用水的深度处理提供了更多的技术选择方案。但是，高级氧化和膜滤在一定程度上都存在一次性投资高、处理成本高的问题；同时，针对高级氧化的应用研究在我国还不够深入广泛；高通量、少污染、低价格的膜材料开发，以及膜技术对有机物的去除机理与影响因素之间的关系还需深入研究。

　　（2）持续开展深度处理工艺对新型污染物去除效果与控制措施的研究

　　随着近年来一些先进的分析检测技术快速发展，以 PPCPs、EDCs、微塑料等为代表的新型污染物陆续在水环境、水源地甚至水处理工艺中检出，其危害及控制措施引起了行业的广泛关注。为了应对不断出现的新型污染物，现有的臭氧活性炭、高级氧化、膜滤工艺的组合方式将呈现出多样化特征，同时深度处理工艺与常规处理工艺以及未来可能出现的水处理新工艺、新材料、新设备，如何实现高效接驳与耦合，目前行业内还未形成统一共识，需要开展持续的研究、完善与创新。

　　（3）"龙头水直饮"的需求，呼唤运行管理理念与管理模式的进一步升级

　　越来越多的城市开始着力于提升自来水水质，并提出要以"龙头水直饮"作为最终目标，这使得供水企业对供水生产以及水质管理的难度大幅度提升，过去对供水生产、输送的过程管理较为薄弱、形式单一的状况已无法满足用户对更高水质的要求。因此，在管理理念上，亟需引入风险管控的理念、构建风险管控体系，通过对各环节水质影响因素进行风险识别与评估，提出相应控制措施，从而提升饮用水"从源头到龙头"的水质安全管理水平；在管理模式方面，应充分借助信息化和智慧化手段，实现深度处理工艺运行管理的数字化、智能化、精准化，建立供水全流程的智慧化风险预警与管控平台，从而整体提升水质安全的保障能力，为 14 亿人口的水质安全保驾护航。

第 2 章　臭氧活性炭深度处理工艺

臭氧活性炭工艺是我国饮用水深度处理使用最为广泛的工艺，是在活性炭滤池之前投加臭氧，将臭氧氧化、活性炭吸附和生物降解等进行组合，既发挥了臭氧的强氧化作用，又强化了活性炭的吸附功能和生物降解作用。

臭氧活性炭工艺由臭氧氧化处理和活性炭处理两部分组成，这两部分通常是联合运行。两部分的联合运行，除可保持各自的优势外，臭氧对大分子的开链作用与充氧作用，为活性炭提供了更易吸附的小分子物质和产生生物活性炭作用的溶解氧，而臭氧可能产生的有害物质，可被活性炭吸附和降解，使得臭氧活性炭工艺相得益彰。在城镇供水厂中臭氧氧化处理和活性炭处理通常是两个独立的构筑物，在日常的运行管理中两者独立运行，又密切关联，协作改善饮用水水质。

2.1　臭氧氧化处理工艺

臭氧系统一般由气源系统、臭氧发生系统、臭氧接触反应系统、臭氧尾气处理系统等部分组成。臭氧氧化处理工艺的系统组成如图 2-1 所示。

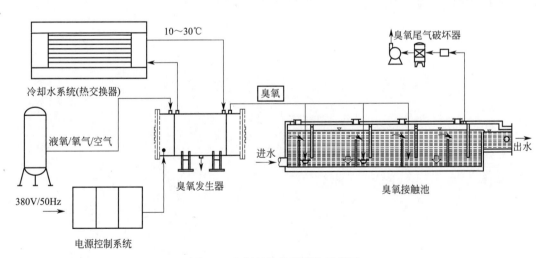

图 2-1　臭氧氧化处理系统示意图

（1）气源系统：是指为臭氧发生器提供合格原料气体（氧气）的装置或成套设备。

（2）臭氧发生系统：制造臭氧化气，以供水处理使用，包括臭氧发生器、供电设备（调压器、升压变压器、控制设备等）及发生器冷却设备（水泵、热交换器等）。

（3）臭氧接触反应系统：用于水的臭氧化处理，包括臭氧扩散装置和臭氧接触池。

（4）臭氧尾气处理系统：用以处理臭氧接触池排放的残余臭氧，达到环境允许的浓度。

2.1.1　气源系统的组成及运行管理

1. 系统组成和基本设计要求

臭氧发生器的气源有两类：空气源（即空气）、氧气源（即液氧、现场制气态氧）。空气源的臭氧浓度比较低，在气源露点较高时还会生成氮氧化物。而氧气源的氧气纯度都在90％以上，所以氧气源臭氧发生器的臭氧浓度较高。在水处理中，宜优先考虑氧气源臭氧发生器。

气源系统所供气体的质量应满足臭氧发生装置的要求（见表 2-1），供气量及供气压力应满足臭氧发生装置最大发生量时的要求。

供气气源质量要求　　　　　　　　　　　　　　　　　　表 2-1

气源种类		供气压力（MPa）	常压露点（℃）	氧气浓度体积分数（%）	杂质颗粒度（μm）
空气		≥0.2	≤−55	21	≤0.1
现场制气态氧	<1m³/h	≥0.1	≤−50	≥90	≤0.1
	≥1m³/h	≥0.2	≤−70	≥90	≤0.1
液氧		≥0.25	≤−70	≥99.5	≤0.1

（1）空气源系统

空气源系统由空气压缩机、储气罐、冷冻式干燥机、吸附式干燥机、空气过滤器等组成，通过空气压缩机将空气压缩到一定压力（常规压力为 0.7～0.8MPa），经过干燥、过滤等除油除水除尘处理之后，经过进气压力调整流入臭氧发生器。

空气源装置宜按用户的环境条件合理配置，使所产生的原料气满足表 2-1 的指标要求，此外，空气经处理后还应达到含油量≤0.005mg/m³。

吸附式干燥机应根据再生原理确定再生耗气量，并按进气压力、进气温度等进行实际处理气量修正；冷冻式干燥机应根据气源的进气压力、进气温度等参数来选择，并按进气压力、进气温度、环境温度（风冷型）、冷却水温度（水冷型）等进行实际处理气量修正。

空气源系统中的主要设备应有备用，空气压缩机噪声应符合使用场所噪声控制标准要求。

（2）氧气源系统

氧气源系统有现场制气态氧和液氧两种方式。

采用何种气源装置应根据臭氧产量经过技术经济比较后确定。一般认为城市供水厂臭氧需求量较大时选择现场制气态氧较为经济，若需求量小则选择液氧作为臭氧发生的气源较为经济，但远离液氧产地的用户应用现场制氧更为经济、安全，具体选型应根据设备投资、运行费用、运输等综合成本及便利条件综合确定。

1）现场制气态氧

现场制气态氧适用于大中型水厂，或水厂附近无液氧供应条件的中型水厂。

现场制气态氧即富氧源装置，其小型装置多采用分子筛变压吸附（PSA 制氧）的方法；大型设备采用低压吸附、真空解析（VPSA 制氧）的方法，具有更高的效率、更低的能耗，但一般要≥200Nm³/h时具有造价的经济性。

PSA富氧源装置包括空气压缩机、储气缓冲罐、冷却器、除水除油过滤器、空气干燥机、PSA制氧主机、除尘过滤器等设备的部分或全部；VPSA富氧源装置包括鼓风机、真空泵、吸附器、储气缓冲罐、仪表空气系统、仪表控制系统、电气控制系统、切换系统、氧气压缩机等设备和系统。

PSA制氧主机一般采用双塔吸附，利用程控阀门实现双塔交替循环压力吸附、常压解吸，得到连续的纯度不低于90%的高纯度氧气，经过进气压力调整流入臭氧发生器，如图2-2所示；VPSA制氧主机采用单塔、双塔或多塔吸附，一般采用双塔吸附，利用程控阀门实现吸附塔交替循环加压吸附、真空解吸，得到连续的纯度不低于90%的高纯度氧气，经过氧气压缩机加压流入臭氧发生器。

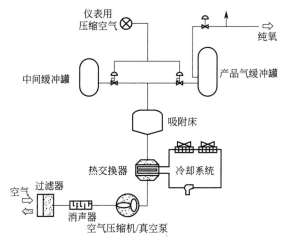

图2-2　PSA现场制气态氧示意图

现场制气态氧质量除满足表2-1的指标要求外，还应达到碳氢化合物含量≤25mL/m³要求。气态氧输出端应装设氧气含量仪表，制氧站应装设氧气泄漏监测报警仪。

现场制气态氧装置应设在室内，并应采取隔声降噪措施。制氧站与其他各类建筑的防火距离应符合现行国家标准《氧气站设计规范》GB 50030的有关规定。

现场制气态氧装置一般宜设计有备用的液氧源装置，其备用液氧的贮存量应满足制氧设备停运维护或故障检修时的氧气供应量，且不宜少于2d的用量。

2）液氧

液氧源装置由液氧储罐、汽化器、热交换器（北方地区根据需要选用）、减压装置、过滤器等组成，液氧通过汽化器汽化，再经过稳压装置稳压稳流之后流入臭氧发生器，如图2-3所示，其适用于各种规模的水厂。

液氧除满足表2-1的指标要求外，还应达到碳氢化合物含量≤20mL/m³要求。

当由液氧汽化供氧时，须根据臭氧系统规模通过技术经济比较配置氮气补充装置，可添加氧气量0.5%～3%的氮气或干燥空气，氮气补充装置宜设置于臭氧发生器间。

汽化器有管式和板式两种。汽化可通过水、电、蒸汽或环境空气等来完成。汽化器宜采用空温式汽化器，宜设有备用。

一般液氧储罐容量应满足7～10d的使用量。液氧储罐可采用立式和卧式。液氧储罐

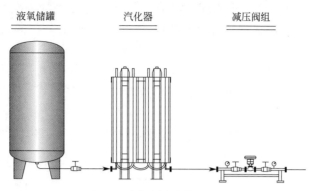

图 2-3 液氧制气态氧示意图

必须采用双壁保温材料形式，以减少液氧的蒸发损失。液氧储罐根据操作压力分为高、中、低三个等级。

液氧储罐会吸收大气中的热量，导致氧气少量蒸发。为了避免液氧储罐中的压力过高（当压力超过 1.2MPa 时），应将蒸发的氧气排放或引入臭氧发生系统。根据液氧储罐的大小以及气温的不同，一般每日的蒸发量在 0.2%～0.5%。

液氧源装置宜露天设置，液氧储罐与其他各类建筑的防火距离应符合现行国家标准《氧气站设计规范》GB 50030 的有关规定；液氧储罐四周宜设栅栏，不应设产生可燃物的设施，四周地面和路面应按《氧气站设计规范》GB 50030—2013 规定的范围设置非沥青路面层的不燃面层。采用液氧储罐或现场制备气态氧装置时，厂区应有满足液氧槽车通行、转弯和回车要求的道路和场地。

获取氧气源有两种方法：一种是向专业的气体公司租用整套设备（包括液氧和现场制氧），用户只需支付租赁费、耗用的氧气费用（液氧时）及电费（现场制氧时），气体公司负责运行管理，较为方便且有供应保障，但运行费用略高；另一种方法是用户购置制氧（机）设备，自行在现场制氧，运行费较经济，但需做设备投资，且有运行、维护、管理工作。

不论何种气源，都必须保证净化和干燥。尤其是气源中所含水分过多时，不但容易产生弧光放电浪费电能，而且氧气还会和气源中的氮气生成氮氧化物，并最终形成硝酸，从而加速臭氧分解并腐蚀电极和管道，因此气源应保持一定的干燥度，一般以露点温度表示。

2. 气源系统的运行管理

（1）空气源系统

空气源装置在运行过程中应定时巡检（建议每隔 2h 一次），观察设备工况参数是否正常，阀门状态是否正常，是否有泄漏点，对空气压缩机的运行状况、储气罐压力、冷冻式干燥机蒸发压力、吸附式干燥机工作压力、主管道供气压力、气源露点等数据及检查事项结果进行记录。

1）空气压缩机

①每班 1 次（一般为 8h）检查排气口散热器有无灰尘堵塞、覆盖，以免散热效果变差。

②每日最少一次打开手动排水阀（若有）排水，每月最少一次将自动排水阀拆开清理内部脏污，防止出现堵塞后排水不畅，将空气里的水分、油污等杂质带至下级设备。

③提示：空气压缩机首次运行超过 500h（根据各空气压缩机厂家首次实际运行时间规定）后，应及时通知空气压缩机厂家到场检查维护保养。

2）储气罐

每 4h 打开储气罐底部手动排水阀进行排水，每月最少一次将自动排水阀拆开清理内部脏污。

3）冷冻式干燥机

①每班 1 次检查冷冻式干燥机自动排水阀是否正常排水，并打开手动排水阀排水，以免自动排水器堵塞影响排水。

②冷冻式干燥机正常运行时进气口和出气口应有 10℃左右的温差，否则冷冻式干燥机就达不到良好的气源处理效果，需要进一步维护检查。

4）吸附式干燥机

每班 1 次观察吸附式干燥机消声器表面是否有水渍、锈迹脏物排出，如有进一步排查吸附填料是否有可能失效。

5）空气过滤器

每班 1 次检查管路系统上的各除油除水水分离器、过滤器的液位镜排水器情况，看看有无较多油污、是否排污正常，防止出现失效、堵塞情况，每班次（8h）手动排污一次。除尘过滤器每班次手动排尘一次。

（2）氧气源系统

租赁的氧气源装置的操作运行应由氧气供应商远程监控，供水厂生产人员不得擅自进入该设备区域进行操作。

自行采购并管理运行的氧气源装置，必须取得使用许可证，由经专门培训并取得上岗证书的生产人员负责操作。操作程序必须按照设备供货商提供的操作手册进行，氧气源装置应针对液氧、现场制氧（PSA 制氧、VPSA 制氧）区分管理。

1）液氧储罐

液氧储罐在运行过程中，生产人员应定期观察压力容器的工作压力、液位刻度、各阀门状态、压力容器以及管道外观情况等，并做好运行记录。

液氧储罐在停用时应记录液氧的压力，当压力超过 1.2MPa 时应打开排放阀降低压力到液氧储罐最高允许工作压力以下，或将蒸发的氧气引入臭氧发生系统，以避免液氧储罐中的压力过高。

2）汽化器

液氧储罐在运行过程中，生产人员应定期观察汽化器翅片及管道上的结霜等情况，及时采取除霜措施，必要时采用辅助工具。汽化器有备用的，可采用切换到备用汽化器工作的方式解决除霜问题。

3）现场制气态氧设备

①每班次观察罗茨鼓风机和罗茨真空泵组的进气压力和温度、出气压力和温度、油位以及振动，如有异常应记录并进一步检查。

②每班次观察制氧主机吸附容器的工作压力、氧气储罐的压力、氧气流量和浓度、各阀门状态等，并做好运行记录。

③每班次检查制氧主机排气消声器表面是否有粉末、水渍、锈迹脏物排出，如有进一步排查吸附制氧分子筛、吸附干燥剂是否有可能粉化或失效。

④空气压缩机、空气干燥机、空气过滤器等的运行管理方式同空气源装置。

3. 气源系统的设备维护

（1）空气源系统

每 1~2 个月应对空气压缩机、空气过滤器、冷冻式干燥机、吸附式干燥机、消声器等及各种阀门检修一次，长期开或关的阀门应操作一次；各种仪表每月检修和校验一次。

空气源设备的大修理宜委托有资质的专业厂家进行。

1）空气压缩机

①检查压缩机头、传动装置等，严格按照说明书中的规定补充润滑油脂。

②无油类空气压缩机严格按照说明书中的规定更换空气过滤器芯。

③微油螺杆空气压缩机根据使用情况严格按照说明书中的规定更换油气分离过滤器滤芯、空气进气过滤器滤芯、油分离器滤芯等部件，并更换专用机油。

2）冷冻式干燥机

①每 4~8 周 1 次检查冷冻式干燥机散热器（冷能器，风冷型冷冻式干燥机），如有较多尘土，采用压缩空气吹扫清理。

②冷冻式干燥机的自动排水器应定期清洗，以便清除内部污垢，使排水畅通。机械式自动排水器（浮子式）应每 2~4 周清洗一次；电子式自动排水器应每 4~8 周清洗一次。

③通过蒸发压力表来看冷媒介质是否缺少，如有泄漏需要进一步检查、排除，再进行抽空、充注冷媒等维护维修工作。

3）吸附式干燥机

拆开吸附式干燥机加料口、放料口，检查吸附剂填充高度有无下降，吸附剂有无变色失效，更换失效的吸附剂。检查控制电磁阀、气动阀门动作是否灵活，检查进出气管路有无泄漏。

4）空气过滤器

拆卸过滤器外壳，对过滤器滤芯进行清理，如过滤器滤芯使用时间超过 8000h 须更换。油水分离器视污染程度而定，如果罩杯内的油污超过 1/3 需更换滤芯。同时检查自动排污阀门工作是否正常。

（2）氧气源系统

租赁的氧气源设备的日常保养、定期维护和大修理工作由氧气供应商负责，供水厂人员不得擅自进行。

供水厂自行采购的设备日常保养工作，由供水厂专职人员按设备制造商提供的维护手册规定的要求进行；定期维护和大修理工作宜委托有资质的专业厂家进行。

液氧源装置几乎没有维护工作。

现场制气态氧装置的维护工作如下：

1）每月应对空气压缩机、罗茨鼓风机、罗茨真空泵过滤器、空气干燥机、消声器及各种阀门检修一次，长期开或关的阀门应操作一次；各种仪表每月检修和校验一次。

2）每班次检查制氧主机排气消声器表面是否有粉末、水渍、锈迹脏物排出，如有则进一步通过观察视镜或拆开制氧主机吸附罐的加料口、放料口排查吸附制氧分子筛、吸附干燥剂是否有可能粉化或失效。

3）经常检查罗茨鼓风机和罗茨真空泵组润滑状态，按操作说明书要求及时添加厂家指定品牌润滑油脂。

4）空气压缩机、空气干燥机、空气过滤器等的维护方式同空气源系统。

2.1.2 臭氧发生系统的组成及运行管理

1. 系统组成和基本设计要求

臭氧发生系统应包括臭氧发生器、供电及控制设备、冷却设备以及臭氧和氧气泄漏探测及报警设备。

城镇供水厂深度处理用臭氧发生器采用介质阻挡放电式，介质阻挡放电式臭氧发生器是使用一定频率的高压电流制造高压电晕电场，使电场内或电场周围的氧分子发生电化学反应，从而制造臭氧。这种臭氧发生器具有技术成熟、工作稳定、使用寿命长、臭氧产量大等优点，是国内外相关行业使用最广泛的臭氧发生器。

臭氧发生器按介质阻挡放电的频率可分为工频（如 $50\sim60Hz$）、中频（$100\sim1000Hz$）和高频（$>1000Hz$）三种，按冷却方式可分为水冷却式和空气冷却式，介电材料常见的有玻璃管、陶瓷板、陶瓷管等。

臭氧发生器按臭氧发生单位的结构形式可分为板式和管式，按其安装方式可分为立式和卧式，国内外目前生产的臭氧发生器（尤其是大型）以卧式管式为主（见图2-4）。

在水处理行业，一般选中高频、水冷却式、氧气源的卧式管式臭氧发生器。

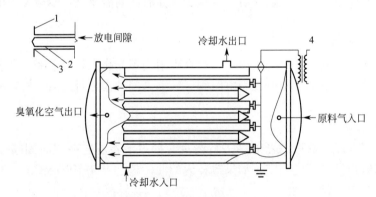

图 2-4 卧式管式臭氧发生器
1—管板；2—玻璃管；3—不锈钢管；4—升压变压器

臭氧发生系统的产量应满足最大臭氧投加量的要求，并应考虑备用能力。采用空气源时，臭氧发生器应采用硬备用配置；采用氧气源时，经技术经济比较后，可选择采用软备用或硬备用配置，采用软备用配置时，臭氧发生器的配置台数不宜少于3台。

臭氧发生器产量调节范围至少应满足 $25\%\sim100\%$；臭氧发生浓度应在 $6\%\sim12\%$ 可调。

裸露于放电环境中的臭氧发生单元电极应采用 022Cr17Ni12Mo2（S31603）等耐晶间腐蚀的奥氏体不锈钢、钛等耐臭氧氧化材料。

臭氧发生器应配备完善的冷却系统。臭氧发生器在臭氧产生的过程中部分能量在放电间隙中转变成热量，如果这部分热量得不到有效的散失，臭氧发生器放电间隙的温度就会持续升高超过设计温度。高温不利于臭氧的产生，而且会加速臭氧的分解，导致臭氧浓度和产量下降。小型臭氧发生器一般采用外循环直接冷却方式；而大型臭氧发生器多采用内循环水冷却方式。内循环水冷却方式可以保证进入臭氧发生器的冷却水质量，外电极管外壁上不易附着杂质而降低换热效率或发生腐蚀导致管泄漏的故障。当冷却水温度超过系统设计温度或水量不足时，系统会自动发出报警信号。

臭氧发生器内循环水冷却系统宜包括冷却水泵、热交换器、压力平衡水箱和连接管路。与内循环水冷却系统中热交换器换热的外部冷却水水温不宜高于30℃；外部冷却水源应接自厂自用水管道；当外部冷却水水温不能满足要求时，应采取降温措施。

内循环冷却水的水质要达到以下要求，以防止其对臭氧发生器内部腐蚀：

（1）不含铁锈或者铁渣；

（2）不含非溶解的或者腐蚀性的成分；

（3）铁<0.2mg/L；

（4）锰<0.05mg/L；

（5）悬浮颗粒<0.1mg/L；

（6）氯化物<100mg/L。

臭氧发生装置应尽可能设置在离臭氧接触池较近的位置。当净水工艺中同时设置有预臭氧接触池和主臭氧接触池时，其设置宜靠近用气量较大的臭氧接触池。

臭氧发生装置必须设置在室内。室内应设置每小时换气8~12次的机械通风设备，通风系统应设置高位新鲜空气进口和低位室内空气排至室外高处的排放口；室内环境温度宜控制在30℃以内，必要时可设空调设备。臭氧发生间应设置臭氧泄漏低、高检测极限的检测仪和报警设施。臭氧发生间入口处的室外应放置防护器具、抢救设施和工具箱，并应设置室内照明和通风设施的室外开关。

对于臭氧发生系统而言，臭氧浓度低则臭氧发生器的能耗也低，但臭氧发生所消耗的氧气量多；臭氧浓度高则臭氧发生器的能耗也高，但臭氧发生所消耗的氧气量少。因此，究竟选用多大的臭氧浓度，应根据当地的电价和氧气价格，在进行总能耗比较后再确定。

2. 臭氧发生系统的运行管理

（1）臭氧发生系统操作运行应依据说明书、操作手册或规程等资料。

（2）臭氧发生系统为PLC全自动控制运行系统，运行人员应经过专门培训，确保熟练掌握并严格按照运行操作规程进行各项操作，并对运行中的性能数据、运行条件、工作参数等建立相应的记录及保管制度。

（3）臭氧发生器启动前必须保证与其配套的供气设备、冷却设备、尾气处理装置、监控设备等状态完好和正常，必须保持臭氧气体输送管道及接触池内的布气系统畅通。

（4）操作人员应定期观察臭氧发生器运行过程中的电流、电压、功率和频率，臭氧供气压力、温度、浓度，冷却水压力、温度、流量，并做好记录。同时还应定期观察室内环境氧气和臭氧浓度值，以及尾气处理装置运行是否正常。

（5）观察臭氧设备间臭氧泄漏报警器和氧气报警器有无报警，无报警灯亮表示臭氧设备间内为安全，应观察臭氧和氧气浓度监测值：臭氧浓度≤0.3mg/m³，氧气浓度≤23%

（体积分数）。

（6）根据氧气市场价格变化、电价及时核算设定的臭氧浓度是否经济（通常臭氧浓度在 8%～10%（质量分数）比较经济）。

（7）设备运行过程中，当室内环境温度大于 40℃时，应通过加强通风措施或开启空调设备来降温。

（8）当设备发生重大安全故障时，应及时关闭整个设备系统。

（9）臭氧发生器因故停机一段时间，再次启用时为确保配套管路的干燥度和洁净度，应提前对管路进行氧气吹扫，吹扫原则如下：停机一周以内，可不吹扫直接运行；停机一个月以内，吹扫 1h；停机两个月以内，吹扫 2h；停机两个月及以上，吹扫 6～8h。如管道内的露点值仍不符合要求，应延长吹扫时间直至数值达标。

（10）应定期对系统相关设备进行切换运行。

（11）检查止回装置可靠性，避免臭氧发生器停机时，让水倒灌进臭氧发生室里。

（12）臭氧发生器长期不运行，且使用环境温度低于 0℃时，应将臭氧发生器内的冷却水、管道内的冷却水排空，切断臭氧发生器电源，关闭所有阀门，防止设备损坏。

（13）臭氧发生系统及其配套的控制系统、阀门和管道等附属设备应定期开展日常巡检及清洁、保养工作，且对应的周期、项目及内容应符合实际安全生产要求。

（14）应加强对关键仪表如露点仪、臭氧高浓度分析仪、水中溶解余臭氧分析仪等的运行状况的观察。

3. 臭氧发生系统的设备维护

（1）水厂每年应制定臭氧发生系统各设备的定期维保检修计划，对设备进行一系列预防性维保检修工作，确保设备性能良好、运行正常。

（2）臭氧发生系统大修周期、项目、内容及质量应符合设备制造商维护手册上的规定，根据设备情况、气源类型、实际运行时间并结合现场的大修维护计划合理安排，气源质量差时维护周期要缩短。大修工作宜委托设备制造商进行，或在制造商的指导下进行。

（3）鉴于臭氧设备维护的系统性、专业性和复杂性，为确保系统的安全良好运行，水厂应定期（如三年）外委专业人员对设备进行一次全面的系统整体评估。

（4）臭氧发生系统进行维护时，维修人员应做好相应的安全措施，充分了解臭氧对人身的危害性。

（5）在任何维修工作开始前，应确保已断电、无臭氧，并要确保系统已冷却下来。

（6）进行设备维护时，应确保设备及部件与臭氧接触的部位无油和油脂，杜绝油和油脂带入系统管道内部。

（7）每 2～4 个月检查清理臭氧发生器等设备外部表面灰尘，主要是高压变压器、电抗器等电气元件表面灰尘，保持电源柜内部清洁，防止出现受潮拉弧现象。注意在清理电源柜内部时必须将设备的总电源断电方可进行。

（8）在使用清洁剂清洁系统之前，出于安全和功能原因的考虑，覆盖或锁上所有开口，防止任何清洗剂进入。电气部分尤其至关紧要，不要用水或者蒸汽清洁器进行清洁。避免使用腐蚀性的清洁剂。用软刷和真空吸尘器结合清除灰尘。也可以用喷洒了酒精的抹布。清洁完成以后，可以把清洁之前覆盖在开口上的保护盖或罩子拿开。

（9）对储能电气元件放电后，对主电路所有接线紧固螺栓进行检查紧固，对控制电路中的各个接线端子进行检查紧固，防止出现松动而造成设备意外故障或损坏。

（10）检查臭氧发生室高压帽接线端子、高压线的屏蔽线接地端子、臭氧发生室的接地线端子是否松动，如有松动应及时紧固。

（11）检查元器件与线路连接处是否有氧化，如果出现氧化，要及时清理氧化物，必要时更换元器件。

2.1.3　臭氧接触反应系统的组成及运行管理

1. 系统组成和基本设计要求

臭氧接触反应系统主要包括：臭氧接触池、扩散导管、臭氧扩散器、射流器、臭氧混合器及满足工艺和测量控制必要的附属装置、水中余臭氧检测仪等。

臭氧接触池的作用是将臭氧气体转移到水相，保证与待处理水充分接触，并完成预期的化学反应。

臭氧接触池应具备两个基本条件：让臭氧有较高的吸收率和较高的反应效率（污染物去除率）。

目前在国内外应用比较普遍的臭氧接触池为扩散管式结构（见图 2-5），基本结构为同向流 3 格接触池，分 2～3 投加臭氧，后加滞留池增加反应时间。

臭氧接触池一般分为预臭氧接触池和主（后）臭氧接触池。

臭氧的扩散方式一般有微孔曝气和射流曝气两种。考虑到国内原水的水质特征，为了预防微孔堵塞，预臭氧接触池一般采用射流曝气（见图 2-6），主臭氧接触池一般采用微孔曝气（见图 2-7）。

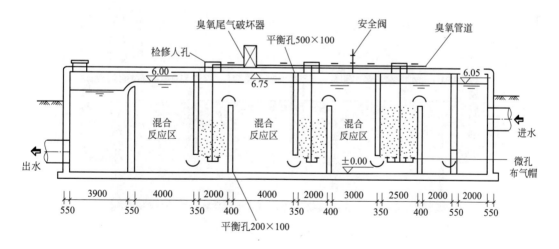

图 2-5　臭氧接触池剖面图示例

预臭氧的作用主要有：去除臭和味、色度、重金属（铁、锰等），助凝，去除藻类和 THM 等"三致"物质的前体物（减少水中"三致"物质的含量），将大分子有机物氧化为小分子有机物，氧化无机物质和氰化物、碳化物、硝化物。

主（后）臭氧的作用有：降解大分子有机物，提高有机物的生物降解性，灭活病毒和消毒或为其后续生物氧化处理设施提供溶解氧。

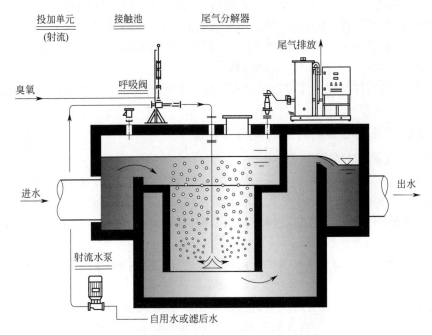

图 2-6　预臭氧接触池的射流扩散器示意图

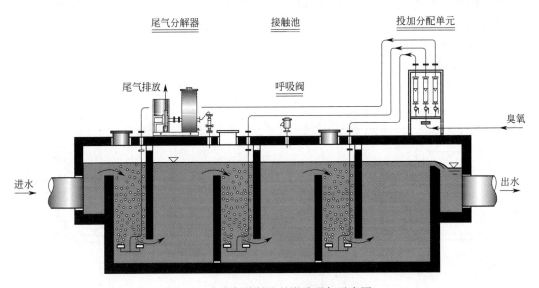

图 2-7　主臭氧接触池的微孔曝气示意图

臭氧接触池的设计基本要求：

（1）臭氧接触池的个数或能够单独排空的分格数不宜少于 2 个，便于停池清洗或检修。

（2）臭氧接触池必须全封闭，防止臭氧接触池中少量未溶于水的臭氧逸出后进入环境空气而造成危害。

（3）臭氧接触池水流应采用竖向流，并应设置竖向导流隔板（墙）将其分成若干区格。导流隔板（墙）间的净距一般不宜小于 0.8m，以利土建施工、扩散器的安装维护以及停池后的清洗。

（4）导流板：在臭氧接触池的曝气区和反应区之间的隔板（墙）下方宜安装导流板以优化臭氧接触池中的水力流态，改善短流和回流状况，从而使臭氧接触池内水中臭氧浓度分布更加均匀，提高氧化或消毒的效率。导流板由 2 块成 45°斜角的直板构成；厚度为 10mm，其中横板长为 0.2m，斜板长为 0.5m（见图 2-8）。旧臭氧接触池优化常用。

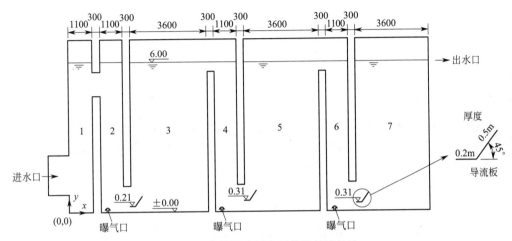

图 2-8　安装导流板之后的臭氧接触池

（5）臭氧接触池池顶应设置尾气收集管和自动双向透气安全压力释放阀（自动气压释放阀）。在全密闭的臭氧接触池内，要保证气体连续不断地注入和避免将尾气带入到后续处理设施中而影响正常工作，池顶应设置尾气收集管和自动气压释放阀。为了在臭氧接触池水面上形成一个使尾气集聚的缓冲空间，池内水面与池内顶宜保持 0.5～0.7m 的距离，臭氧接触池的出口处应采取防止臭氧接触池顶部空间内臭氧尾气进入上下游构筑物的措施。

（6）臭氧接触池内的竖向导流隔板（墙）顶部和底部应设置通气孔和流水孔，其作用是让集聚在池顶上部的尾气从排放管顺利排出并且方便清洗臭氧接触池。

（7）臭氧接触池出水方式：宜采用平行三角堰或平行穿孔管跌水出流，以提高臭氧的氧化消毒效果，同时使水中过饱和溶解的气体在跌水过程中吹脱，并随尾气一起排出。目前采用的单侧管式或薄壁堰跌水出流方式可做优化。

（8）臭氧接触池应加设人孔，以利检修。在曝气设备附近的构筑物上宜加设观察窗，以便于定期检查臭氧曝气情况。

（9）臭氧接触池出水端应设置余臭氧监测仪，对水中余臭氧进行在线监测，检测臭氧投加量是否合理，以及考核臭氧接触池中的臭氧吸收效率。

（10）臭氧接触池设计要充分考虑钢筋的保护厚度。对于水处理构筑物，钢筋保护厚度为≥25mm，而对于臭氧接触池，钢筋保护厚度最好≥40mm。

（11）臭氧接触池内壁应强化防裂、防渗措施。

（12）臭氧接触池的臭氧投加量和接触时间设计参数可参见表 2-2。

臭氧接触池主要设计参数   表 2-2

处理要求	臭氧投加量(mgO₃/L水)	去除率(%)	接触时间(min)
杀菌及灭活病毒	1~3	>90~99	数秒至10~15min,依所用接触装置类型而异
除嗅、除味	1~2.5	80	>1
脱色	2.5~3.5	80~90	>5
除铁除锰	0.5~2	90	>1
COD$_{Mn}$	1~3	40	>5
CN⁻	2~4	90	>3
ABS	2~3	95	>10
酚	1~3	95	>10
除有机物等(臭氧活性炭工艺)	1.5~2.5	60~100	>27

具体设计参数宜根据工艺目的和待处理水的水质情况,通过试验或参照相似条件下的运行经验确定,当无试验条件或参照经验时,可按(13)、(14)的规定选取。

(13)预臭氧接触池应符合下列规定:

1)一般设在生物预处理、混凝之前(每个流程设一个投加点)。

2)接触反应时间宜为2~5min。

3)预臭氧接触池的设计水深宜为4~6m,超高不小于0.75m。

4)投加量宜为0.5~1.5mg/L,当原水溴离子含量较高时,臭氧投加量的确定应考虑防止出厂水溴酸盐超标,必要时,应采取阻断溴酸盐生成途径或降低溴酸盐生成量的工艺措施。

5)臭氧气体宜通过水射器抽吸后与动力水混合,然后再注入到进水管上的静态混合器或射流扩散器直接注入预臭氧接触池内,与原水进行充分接触处理。一般只设一个注入点。由于原水中含有的颗粒杂质容易堵塞抽吸臭氧气体的水射器,因此不宜采用原水作为水射器的动力水源,而宜采用滤后水或自用水;动力水应设置专用动力增压泵供水。当受条件限制而不得不使用原水时,应在水射器之前加设两套过滤装置,1用1备。

6)预臭氧接触池出水中余臭氧浓度应不高于0.1mg/L。

7)预臭氧接触池出水端水面处宜设置浮渣排除管。

(14)主(后)臭氧接触池应符合下列规定:

1)一般宜设置在沉淀、澄清后或砂滤池后。

2)主臭氧投加则主要通过陶瓷微孔曝气盘将臭氧投加到主臭氧接触池水体中,一般与活性炭滤池联合使用。由于被处理水较清,因此扩散装置一般均采用微孔曝气头(一般采用耐腐蚀的陶瓷材料或金属钛板制成)。

3)接触氧化的反应时间一般不宜小于10min,臭氧投加量一般宜为1.0~3.0mg/L,主臭氧接触池出水中余臭氧浓度一般宜为0.1~0.2mg/L。

4)主臭氧接触池一般分成多格形成串联折板流,在下向流的格内设置微孔曝气装置,一般设2~3个投加点。当采用2点投加时,各点的臭氧投加比例(顺水流方向)依次为总投加量的50%~80%、50%~20%,每个投加点的臭氧接触时间分别为总时间的50%。

当采用 3 点投加时，各点的臭氧投加比例（顺水流方向）依次为总投加量的 40%~80%、30%~10%、30%~10%，3 个投加点的臭氧接触时间依次为总时间的 30%、30%、40%。三级接触池各有独立管路送气，并分别配置流量计与调节阀门。投加管路各连接点均应密封可靠，曝气盘应便于检查与更换。有研究结果表明，臭氧采用三级投加时三段的投加比例按照 3∶1∶1，臭氧的利用效率最高。

曝气盘应在额定气量的 50% 状态下也能保证布气均匀。为保证布气均匀，曝气盘安装时水平度误差应在 2mm 以内。

5）主臭氧接触池的设计水深宜采用 5.5~6m，超高不小于 0.75m，布气区格的水深与水平长度之比宜大于 4。

6）主臭氧接触池每段接触室顶部均应设尾气收集管。

2. 臭氧接触反应系统的运行管理

（1）臭氧投加量的设定调整

臭氧投加量应以设计为指导，通过试验或参照相似水源水厂的运行经验确定。

$$臭氧投加量(mg/L) = 臭氧消耗量(mg/L) + 出水余臭氧要求(mg/L) \tag{2-1}$$

（2）预臭氧投加控制一般通过设定臭氧投加率，根据水量变化进行比例投加控制；主臭氧投加控制一般根据水量变化与水中余臭氧变化，进行双因子复合环投加控制（处理水量是前馈条件，余臭氧是后馈条件）。

（3）臭氧投加量应根据水中剩余臭氧量或消除前臭氧尾气浓度进行调整。

（4）主臭氧采用多级投加时，各级投加比例按照设计要求或试验结果设定，应根据仪表读数定期校核投加比例。

（5）当预臭氧消耗量突然增大时，分析原水水质，特别是原水铁、锰等含量。可参考下列公式进行投加量的调整：

$$[O_3] = (1.04 \times [NO_2^-] + 0.44 \times [Fe] + 0.9 \times [Mn]) \times Q \tag{2-2}$$

式中　　　　　$[O_3]$——标示臭氧的投加量，g/h；

$[NO_2^-]$、$[Fe]$、$[Mn]$——水中存在的离子浓度，mg/L；

Q——处理水量，m^3/h。

（6）当水中含有较多 NO_2^- 时，臭氧投加量应增加。

（7）当下列工艺发生改变时：切换原水、原水嗅味增加、铁锰等含量增加，宜用预臭氧系统代替预加氯，并运行主臭氧系统。

1）原水中 2-甲基异莰醇（2-MIB）和土臭素浓度高于 200ng/L 时，可适当提高臭氧投加量。当 2-MIB 和土臭素浓度低于 200ng/L 时，臭氧投加量宜维持在 1.0~2.5mg/L。针对鱼腥味嗅味时，应保持低臭氧投加量（1.0mg/L）运行。

2）原水中 COD_{Mn}、氨氮浓度高时，臭氧投加量宜控制在 2mg/L，接触时间控制在 10min。

（8）原水中藻类含量增加时，宜采用预臭氧＋预氯化的组合预氧化方式，同时运行主臭氧系统。预臭氧投加量宜控制在 1mg/L 以内（一般为 0.3~0.5mg/L），接触时间为 5min，同时在沉淀池前加 0.5~1.0mg/L 的次氯酸钠（控制沉淀池出水或砂滤池出水余氯小于 0.2mg/L）；主臭氧投加量控制在 2mg/L 左右（控制主臭氧接触池出水余臭氧在

0.1～0.2mg/L），接触时间为 15min。处于藻类暴发期时，应根据藻浓度、原水水质等参数确定预臭氧和主臭氧的投加量和投加比例。

（9）在处理铁、锰、藻类问题时，当活性炭滤池进水色度有明显升高时，宜停止投加主臭氧，待异色消除后再恢复主臭氧投加。

（10）鉴于臭氧活性炭工艺出现的生物安全性问题，为有效控制活性炭滤池的无脊椎生物（如桡足类（剑水蚤）等），在出现无脊椎生物异常升高时可采取停止臭氧投加的临时措施，用预氯化取代预臭氧投加。

（11）当原水中溴离子超过 $100\mu g/L$ 时，臭氧投加量应降低，保证出水溴酸盐不超标（我国《生活饮用水卫生标准》GB 5749—2006 中溴酸盐限值≤0.01mg/L）。

（12）对于受咸潮影响的城市，当出现咸潮上溯时，宜停用臭氧化工艺。

（13）因设备异常或工艺调整需要暂停预臭氧投加时，应启用原水预加氯设备，用预氯化取代预臭氧投加。当采用预氯化时，沉淀池出水或砂滤池出水余氯须低于 0.2mg/L。

（14）臭氧投加系统可选择人工干预参数设定或自动投加控制两种模式。采用自动控制系统投加臭氧时，应设定合理的投加量范围，确定上下限值。

（15）臭氧投加量应根据原水水质情况及处理效果及时进行调整。若周边环境及活性炭滤池出现较明显的臭氧气味，或空气中臭氧浓度超过 $0.2mg/m^3$ 时，宜检查臭氧发生系统、臭氧接触池、臭氧尾气处理系统等，排除设备设施异常后，可适当降低臭氧投加量。

（16）应定期测定臭氧接触池中的臭氧吸收效率，检测臭氧投加量是否合理（臭氧吸收效率国外一般达 90% 以上）。

$$O_3 \text{吸收效率} = (O_3 \text{原投加浓度} - \text{尾气} O_3 \text{浓度})/O_3 \text{原投加浓度} \quad (2\text{-}3)$$

注意：检查点应无池外气体混入，采样时间不少于 15min。

（17）为确保预臭氧投加效率，应定期观察预臭氧接触池扩散管工作是否正常。池体设有观察孔的，可直接定期观察；无观察孔的，应每年打开人孔检查。

（18）为确保主臭氧投加效率，应定期观察主臭氧接触池内布气是否均匀。池体设有观察孔的，可直接定期观察；无观察孔的，应每三年打开人孔测试曝气盘布气均匀性，具体操作方法为：将水位控制在曝气盘上 20～30cm，用无油空气压缩机将压缩空气或氧气吹入管道，以观察布气的均匀性。

（19）采用臭氧投加后，水质监测除重点在线监测水中的溶解余臭氧外，还宜增加对无脊椎生物的检测，频率不少于每周一次；增加对致嗅物、消毒副产物溴酸盐的检测，频率不少于每月一次。

（20）臭氧发生浓度值的设定须符合设备的要求，且设定值调整范围应经济合理，宜以电耗、氧耗两项之和最小值为目标。

3. 臭氧接触反应系统的设备维护

臭氧接触池应定期清洗检查。发现异常时应进行检查。有观察窗的臭氧接触装置可通过观察窗检查臭氧扩散情况。

（1）臭氧接触池一般每 1～3 年放空清洗检查一次。

（2）臭氧接触池排空之前必须确保进气和尾气排放管路已切断。切断进气和尾气排放管路之前必须先用压缩空气将布气系统及池内剩余臭氧气体吹扫干净。

（3）清除臭氧接触池内污泥等沉积物。

（4）检查池内布气管路是否移动、曝气盘或扩散管出气孔是否堵塞或破损，并重新固定布气管路和疏通曝气盘或扩散管堵塞的出气孔，或更换已严重损坏的曝气盘等。

（5）对池顶、池底、池壁及伸缩缝和压力人孔进行全面检查。

（6）清洗水排至下水道。

（7）臭氧接触池大修后，必须进行满水试验。渗水量应按设计水位下浸润的池壁和池底总面积计算，不得超过 $2L/(m^2 \cdot d)$；在进行满水试验时，地上部分应进行外观检查，当发生漏水、渗水时，必须停池修补。

（8）臭氧接触池压力人孔盖开启后重新关闭时，应及时检查法兰密封圈是否破损或老化，如发现破损或老化时应及时更换。

（9）拆下臭氧接触池顶部的双向透气阀，按标识的压力、真空度参数检查是否可靠动作。

（10）臭氧接触池的进气管路、尾气排放管路应每日检查，水样采集管路上各种阀门及仪表的运行状况应每日检查，并应进行必要的清洁和保养工作。

（11）按设备制造商提供的维护手册要求，定期对各类仪表进行校验和检修。

2.1.4　臭氧尾气处理系统的组成及运行管理

1. 系统组成和基本设计要求

由于受水质与扩散装置的影响，进入臭氧接触池的臭氧很难 100% 被吸收，在排出的尾气中仍含有一定数量的剩余臭氧。由于臭氧对人体健康有危害，对环境有污染，因此必须对臭氧接触池排出的尾气进行处理。我国《环境空气质量标准》GB 3095—2012 中规定臭氧浓度限值（1h 平均）一级标准为 $0.16mg/m^3$，二级标准为 $0.20mg/m^3$。室内空气臭氧的含量更为严格，不得超过 $0.10mg/m^3$。臭氧的工业卫生标准大多数国家的最高限值为 $0.2mg/m^3$。臭氧系统中必须设置臭氧尾气处理系统。

臭氧尾气处理装置包括尾气输送管、尾气中臭氧浓度监测仪、尾气除湿器、抽气风机、剩余臭氧处理器，以及排放气体臭氧浓度监测仪及报警设备等。装置处理气量应与最大臭氧投加量相匹配。

臭氧尾气处理装置收集臭氧接触池排出的剩余臭氧，并将其分解成对环境无害的氧气（保证排出的气体臭氧浓度≤$0.16mg/m^3$），通常有催化分解法、加热分解法、活性炭吸附分解法等几种，催化分解法、加热分解法在城镇供水厂深度处理工艺中得到广泛应用，尤其是催化分解法。活性炭吸附分解法不能用于氧气源臭氧系统。

加热分解型装置应由电加热器、热交换器、风机、控制装置与仪表等组成，催化分解型装置应由催化反应室、加热装置、风机、控制装置与仪表等组成。两种臭氧尾气处理装置的工作原理、运行特点见表 2-3。

常用臭氧尾气处理装置工作原理、运行特点　　　　　　　　　表 2-3

装置类型		工作原理	运行特点
加热分解型	单加热、不回收热能	用加热器将尾气臭氧加热到 350℃以上彻底分解。一般加热温度高于 370℃、反应时间 2.5s	彻底分解、运行可靠，设备简单，易实现自动化监控。排出的气体温度达到 250～300℃，运行能耗高

续表

装置类型		工作原理	运行特点
加热分解型	带热交换器进行热回收	在单加热的基础上使用热交换器回收部分热能对尾气预加热	彻底分解、运行可靠,易实现自动化监控,能耗显著降低。配置多级换热器,结构复杂,设备投资及占地大,运行能耗较高
催化分解型		尾气中的臭氧在一定的温度、湿度等条件下,通过触媒催化剂作用快速有效分解为氧气	设备投资少,分解效率高,设备紧凑,自动化运行程度高。尾气中含有杂质及潮气时有催化剂中毒危险,催化剂需定期更换

臭氧尾气处理装置的风机在臭氧接触池内创造一个负压,防止臭氧接触池内的臭氧泄漏。

每个臭氧接触池应安装两个处理器,其中一个处于辅助状态。

宜在臭氧接触池尾气处理器前、后各装设一个臭氧浓度检测仪,以监测尾气在处理前、后的臭氧浓度,评估臭氧投加量是否适度、臭氧的扩散转移效率以及催化剂是否失效。

催化分解型尾气处理装置应在进气端配置相应的尾气除湿装置,在处理器的底部装有泄水阀,用来排除冷凝水。

催化剂型尾气处理装置宜直接安装于臭氧接触池的顶部,池顶搭建轻钢结构板房。

加热分解型尾气处理装置可设在臭氧接触池池顶,也可另设他处。装置宜设在室内,室内应有强排风设施,必要时可设空调。

2. 臭氧尾气处理系统的运行管理

应定期关注臭氧尾气处理装置的运行状况,可采用便携式臭氧检测仪,测量并收集装置前后进出气体的臭氧浓度信息。

宜在臭氧处理器的前面安装一个除雾器或除雾管,阻止水汽进入臭氧处理器。

(1) 催化分解型处理器

1) 尾气在进入催化剂前必须经除湿处理或被预热到 40～60℃,以防在臭氧处理器内产生冷凝水,导致催化剂受潮后吸收分解效果降低或很快失效。

2) 臭氧尾气处理器要远离湿气、油脂、泡沫和悬浮微粒,避免影响催化剂的功能。

3) 运行期间应保持处理器底部的泄水阀常开,并定期检查,避免堵塞;在臭氧系统停用期间,应关闭处理器进气管上的阀门和底部的泄水阀,防止因潮湿空气及其他带酸性的气体进入,造成催化剂的提前失效。

4) 当处理器出口的臭氧浓度大于 $0.2mg/m^3$ 且处于持续增大的状态时,应检查催化剂是否失效,应考虑马上更换新的催化剂;若因曝气盘布气效率下降导致尾气中的臭氧浓度变大时,应及时停池检查布气管道,并清洗或更换曝气盘,避免催化剂因负荷增大而降低使用寿命。

5) 检查风机运行正常,无异常振动或异响。

(2) 加热分解型处理器

1) 尾气在进入处理器前必须经机械除湿处理,以防在加热后体积快速膨胀,导致抽气量造成影响。

2) 臭氧尾气处理器要远离油脂、泡沫和悬浮微粒,避免附着在加热器、换热器上影响加热和换热的效率。

3）运行期间应每班次检查运行温度，检查加热器工作状况，检查保温及防护良好可靠。当处理器出口的臭氧浓度大于 $0.2mg/m^3$ 且处于持续增大的状态时，应检查加热器工作温度，检查加热元件是否损坏，检查换热装置是否正常等，及时更换加热管。

4）检查风机运行正常，无异常振动或异响。

3. 臭氧尾气处理系统的设备维护

对系统定期进行清洁，清洁包括运行时或停机时的清洁。为确保安全，在系统停机清洁时必须切断电源，一旦清洁工作完成，检查所有管路是否有连接松动、擦伤、损坏。

清洁时用软刷和真空吸尘器结合清除灰尘，也可以用喷洒了酒精的抹布，避免使用腐蚀性的清洁剂，避免使用钢刷或者其他很硬的辅助方法/工具。

定期对系统进行维护和检测。

（1）催化分解型尾气处理器

1）检查或更换失效的催化剂，检查、判断催化剂是否可有效工作到下一个维护周期，检查加热器、风机的工作状态。

2）放出失效的催化剂，可使用工业真空吸尘器。在重新填满催化剂之前，检查筛网和加热元件。

3）催化剂属于危险化学品，接触或更换过程中，建议使用防尘口罩，戴橡胶或塑料手套，并保护好眼睛。

4）若被替换下来的失效的催化剂在使用过程中没有受到其他有害物质的污染，则可以运往特定的接收化学垃圾的垃圾填埋场。

（2）加热分解型尾气处理器

1）检查加热器、换热器、温控器、风机的工作状态。

2）检查加热元件是否有损坏，是否需要维修或更换。

3）检查保温材料、保温防护是否有破损，是否需要修复或更换。

2.1.5　安全管理

1. 臭氧浓度及安全

臭氧浓度与安全涉及臭氧浓度限值及有关生理安全影响，臭氧氧化处理系统中应对排放臭氧或可能接触臭氧的环节采取安全措施。

臭氧氧化处理系统设备间内的臭氧泄漏浓度应符合现行国家标准《工作场所有害因素职业接触限值》GBZ 2 的规定，一个工作日内任何时间接触最高容许浓度不超过 $0.3mg/m^3$。环境空气中的臭氧安全浓度为 $0.16mg/m^3$（日最大 8h 平均）及 $0.20mg/m^3$（1h 平均）。

臭氧对眼、鼻、喉有刺激的感觉，接触后会出现头疼及呼吸器官局部麻痹等症状，其毒性与浓度和接触时间有关。人身暴露于臭氧中的早期症状为对鼻腔及咽喉刺激、咳嗽、头痛、疲劳感、慢性支气管炎、胸痛，并可出现呼吸困难症状。

人能感知到气味的臭氧浓度为 $0.02\sim0.04mg/m^3$，长期接触 $8mg/m^3$ 以下的臭氧会引起永久性心脏障碍，但接触 $40mg/m^3$ 以下的臭氧不超过 2h，对人体无永久性危害。臭氧浓度为 $0.2mg/m^3$ 时人们就明显感觉到并及时采取避害措施，相对于氯气、甲醛、二氧化碳、一氧化碳等气体，臭氧属于比较安全的气体。

暴露于各级别的臭氧浓度时带来的有关生理影响见表2-4。

暴露于各级别臭氧浓度下的生理影响　　　　　　　　　　表 2-4

臭氧浓度(mg/m^3)	生理影响
0.02~0.04	多少会有些可感知的气味(但不久后会适应)
0.2	厌恶的气味,鼻腔和咽喉会感受到刺激
0.4~1.0	3~6h 的暴露可使视力降低
1.0	上呼吸道会有明显的刺激感觉
2~4	2h 的暴露会引起头痛、胸痛、咳嗽,上呼吸道感觉干痒,反复暴露会引起慢性中毒的发生
10~20	脉搏增加、身体疼痛,出现麻痹症状,如继续暴露会导致肺水肿的发生
30~40	小动物会在 2h 内死亡
100	会使人的生命处于危险中

2. 运行维护管理安全

臭氧氧化处理系统各项运行与维护应符合国家、地方政府各项标准及法规的要求。接触生活饮用水的设备，在运行维护时应符合《生活饮用水卫生监督管理办法》的相关要求。

臭氧投加管道、曝气盘、仪器仪表及其附件，应采用耐臭氧材料。

(1) 臭氧及泄漏安全管理

水厂应建立臭氧泄漏应急处理制度，以应对可能突发的臭氧泄漏事件。应定期对臭氧设备间及尾气处理装置构筑物的环境臭氧浓度进行检测，建立臭氧泄漏的常规处理方案、应急处理方案，并张贴在臭氧设备间显著位置。

应配备臭氧防护面具以及装有臭氧过滤吸附的呼吸装备，并保证工作人员能熟练使用呼吸装备。进入有较高浓度臭氧的场所以及进入运行过的臭氧接触反应室的工作人员应佩戴呼吸装备。任何作业过程中一旦发现空气中有臭氧务必立即离开作业现场，在有保护的前提下处理臭氧泄漏。

在进行系统维护之前要确保在无臭氧的前提下进行。在打开含有臭氧气体的系统之前，应先把气体排净直至检测不到臭氧。采用干燥空气对臭氧系统进行吹扫，清除残留臭氧等气体。采用氧气对臭氧系统吹扫时应保证氧气安全排放。

(2) 臭氧氧化处理系统安全管理

臭氧系统严禁烟、火和明火。

臭氧发生系统应安装在封闭、带锁的房间。房间内不应设置长期的办公场所。房间应安装臭氧气体监测仪和自动通风装置，保证一小时内换气 8~12 次。必须安装抽风装置，它的入口必须直接位于地面上方，一旦气体监测仪报警，抽风装置的开关立即自动打开。如果因为技术工艺的原因，臭氧发生系统的安装位置不能和办公地点分开，要可靠地在线监测室内的臭氧浓度，工作环境允许的臭氧浓度值最大为 $0.3mg/m^3$。设定 2 个报警浓度值：$\geq 0.3mg/m^3$ 时系统关闭并报警，$\geq 0.15mg/m^3$ 时系统报警并自动启动机械通风。

臭氧发生间应安装有气体泄漏报警装置，配备臭氧防护面具和急救医药用品等防护用品，并应定期检查以防失效。臭氧防护面具等防护用品不能放在安装有臭氧系统设备的房间中。

当系统设备发生重大安全故障时，应及时关闭整个系统。氧气及臭氧设备的紧急断电开关应安装在氧气及臭氧发生间内生产人员易于接近的地方。

设备维护时，应确认电源已经切断，并在供电开关处悬挂"禁止合闸"类警示标识。如需接触放电管（板）、电感、电容等储能器件时，应先进行放电，防止可能的电击危险。

臭氧尾气处理装置防止意外接触的保护装置要安装在臭氧破坏器四周 0.8m 的地方，尾气管要安装在不会造成人身伤害的地方。

加热分解型尾气处理设备须保证人体不会直接接触到高温部位，并符合消防规定。

（3）氧气安全管理

氧气的日常管理应符合现行国家标准《常用化学危险品贮存通则》GB 15603 的相关规定。液氧的运输应由具有危险品运输资质的单位承担。

在利用氧气作为原料气时，应遵守使用氧气的技术安全措施与规定，特别是纯氧储罐必须与周围建筑保持足够的距离。

氧气气源设备的四周设置隔离设施，除氧气供应商操作人员或水厂专职操作人员外，其他人员不得进入隔离区域。氧气以及臭氧输送投加管沟严禁与液氯、混凝剂等投加管沟相通，严禁油脂及易燃物漏入管沟内。

不要在液氧出口周围 5m 的安全区内存储可燃和自燃的材料。氧气气源设备 30m 半径范围内不得放置易燃、易爆物品以及与生产无关的其他物品。

不得在任何储备、输送和使用氧气的区域内吸烟或动火，如确需动火时，必须办理"动火许可证"，并做好相应预案。动火作业前，应检测作业点空气中的氧气浓度，作业期间派专人进行监管。

所有使用氧气的生产人员在操作时必须佩戴安全帽、防护眼罩及防护手套。操作、维修、检修氧气气源系统的人员所用的工具、工作服、手套等用品，严禁沾染油脂类污垢。

液氧厂家应定期对放空阀、减压阀、防爆片和压力表进行检查和更换，对液氧储罐系统内的进料阀、增压阀、减压阀、液位表进行定期检查。

液氧厂家应定期对液氧储罐的压力容器进行安全检查，及时收集压力容器的安全报告编入安全台账。

2.2　活性炭处理工艺

臭氧活性炭工艺中活性炭处理主要应用的是固定床颗粒活性炭吸附池，即常称的活性炭滤池。

2.2.1　活性炭滤池及滤料

1. 活性炭滤池的构造及设计要求

（1）活性炭滤池的构造

活性炭滤池按水流过流方式可分为下向流和上向流两种模式。下向流模式即从上部进水，经过炭层、砂垫层和支撑层后自滤池底部出水；上向流模式是从滤池底部进水，原水向上流经支撑层和炭层，经过处理的水经上部收集系统收集后汇集到出水总渠。

活性炭滤池的过流方式应根据其在工艺流程中的位置、水头损失和运行经验等因素确定。当活性炭滤池设在砂滤池之后且其后续无进一步处理工艺时，应采用下向流，且炭层下应增设不少于 300mm 的砂垫层；当活性炭滤池设在砂滤池之前时，宜采用上向流。当水厂因用地紧张而难以同时建设砂滤池和活性炭滤池，且原水浊度不高、有机污染较轻时，可采用在下向流活性炭滤池炭层下增设较厚的砂滤层的方法，形成同时除浊除有机物的炭砂滤池。

下向流活性炭滤池可采用 V 型滤池、翻板滤池、普通快滤池、虹吸滤池，大部分采用滤砖配水系统，或穿孔管以及小阻力滤头配水配气系统，采用单独水反冲洗或气-水联合反冲洗。下向流活性炭滤池示意图如图 2-9 所示。

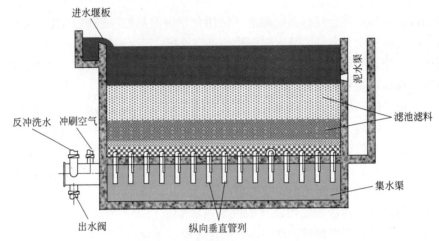

图 2-9　下向流活性炭滤池示意图

上向流活性炭滤池的池型主要有滤管上向流滤池和滤头上向流滤池两种，滤管多采用马蹄管，两者均采用上部集水槽集水。滤管上向流滤池的构造如图 2-10 所示。

典型的上向流滤池构造可分为布水布气区、滤床区和出水区。主体一般由滤池池体、布水布气系统、滤床、反冲洗系统、出水系统和自控系统组成。

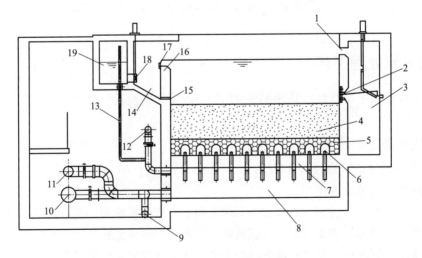

图 2-10　滤管上向流滤池构造

1—溢流口；2—翻板阀；3—排水渠；4—滤料；5—承托层；6—上向流滤管；
7—二次浇筑层；8—布水布气渠；9—放空管；10—进水管；11—反冲洗进水管；12—反冲洗进气管；
13—排气管；14—出水槽；15—扫洗水孔；16—出水堰；17—调节堰板；18—出水闸板；19—出水总渠

不同流向活性炭滤池的工艺特点：

下向流活性炭滤池，在过滤过程中，杂质颗粒在拦截、沉淀、惯性、扩散等作用下迁移到滤层表面，并粘附于滤料颗粒上，达到过滤的效果，其主要过滤效果集中在上层小直径滤料中。

上向流活性炭滤池，在过滤过程中，悬浮絮体在重力作用下沉淀，并粘附于滤料颗粒表面，反向过滤中吸附层相当于整个滤床的厚度，其多层滤料都有很强的过滤效果。

不同流向活性炭滤池的优缺点主要体现在对沉后水浊度的要求、对污染物去除效果、反冲洗操作、出水生物安全性以及建造运行成本几个方面，见表2-5。

不同流向活性炭滤池的特点　　表 2-5

模式	优点	缺点
下向流	1. 活性炭同时发挥吸附和截留杂质作用,出水浊度较低且稳定; 2. 活性炭颗粒较大,价格相对便宜,且活性炭负荷小,微生物生长稳定,滤料寿命长; 3. 与上向流相比,空床流速低,炭层厚度薄; 4. 单格在低于额定运行流量条件下能正常运行,且由于接触时间变长,出水水质好	1. 对沉后水浊度敏感,炭层易发生堵塞现象;需要反冲洗(气冲＋水冲),反冲洗周期短; 2. 与上向流相比,由于空床流速较低,活性炭滤池占地面积大; 3. 与上向流相比,水头损失大,运行期间水头损失随着时间延长而增加; 4. 由于构造复杂,造价高于上向流; 5. 存在生物泄漏风险
上向流	1. 运行中炭层处于微膨胀状态,炭层利用充分,微生物降解作用好,对有机物和氨氮等污染物的去除效果优于下向流; 2. 炭层不易堵塞,一般无需水反冲洗,只需要定期空气反冲洗,反冲洗耗水量少,反冲洗周期更长; 3. 由于构造简单,上向流滤速较高,占地面积小,造价略低于下向流; 4. 上向流活性炭滤池水头损失比较小,一般为0.8~1.0m,且运行期间水头损失变化不大	1. 对活性炭材质目数要求高,布水均匀程度对后续工艺效果影响大; 2. 出水浊度相对较高,生物泄漏风险高,一般后续要有砂滤池把关,提高生物稳定性; 3. 活性炭选择不合适,容易发生不膨胀或跑炭现象

下向流活性炭滤池的池型有 V 型滤池、翻板滤池、普通快滤池和虹吸滤池等，其各自的特点见表2-6。而上向流活性炭滤池池型相对比较单一。活性炭滤池宜采用中、小阻力配水配气系统。

下向流活性炭滤池池型　　表 2-6

流向	活性炭滤池池型	优点	缺点
下向流	虹吸滤池	1. 虹吸管替代; 2. 水力自动控制运行; 3. 无专门反冲洗设备; 4. 无负水头现象	1. 池体结构深,虹吸结构复杂,土建要求高; 2. 出水水质波动大; 3. 单格面积小,不适用于大中型水厂
	普通快滤池	1. 运行效果稳定,反冲洗效果良好; 2. 使用历史悠久,适合不同规模的水厂,同时适用于采用 O_3-BAC 工艺的新厂建设和旧厂改造	1. 布水布气均匀程度劣于 V 型滤池,炭层截污能力利用不够充分; 2. 反冲洗后滤料易分层,对活性炭颗粒目数要求较高; 3. 单池面积可达 150m²

续表

流向	活性炭滤池池型	优点	缺点
下向流	V型滤池	1. 布水布气均匀,滤层截污能力高,活性炭滤池运行效果好; 2. 反冲洗后滤料不易分层,可采用较高目数活性炭,延长活性炭使用周期	1. 反冲洗耗水量大,控制不当可能存在跑炭现象; 2. 土建费用高,运行电耗大,对设计施工有一定技术需求
	翻板滤池	1. 允许较大的反冲洗强度; 2. 反冲洗水消耗少,土建要求简单,运行维护方便; 3. 活性炭流失率相对较低	1. 单池不宜过大,不适用于大中型水厂的改建项目; 2. 初期设备投资较高; 3. 水头损失较大

(2)活性炭滤池的设计要求

活性炭滤池的设计参数应通过试验或参照相似条件下的运行经验确定。

活性炭滤池在水厂中的位置,应经过技术经济比较后确定,当其设在砂滤之后时,其进水浊度宜小于0.5NTU,如设在砂滤之前,且前置工艺投加聚丙烯酰胺时,应慎重控制投加量。

在进行活性炭滤池高程设计时,应根据选定的活性炭膨胀度曲线,校核排(出)水槽底和出水堰顶的高程是否满足不同设计水温时,设计水量和反冲洗强度下的炭床膨胀度的要求。

活性炭滤池内壁与颗粒活性炭接触部位应强化防裂防渗措施。

活性炭滤池与砂滤池宜合建,两者可共用管廊,以渠道连接,不仅节省占地面积,而且运行管理、维护、控制都比较方便。活性炭滤池分多格设计,分格数不宜少于4格。活性炭滤池的单格面积应根据生产规模、操作运行、布水均匀性、反冲洗均匀性以及维护检修等要求,通过技术经济比较确定。单格滤池的长度和宽度应与布水布气系统和排水阀相应,并满足池长不宜大于12m,池宽不宜大于8m,且长宽比应在1.2~1.8范围内。活性炭滤池应采取遮阳措施或滤池加盖,防止蚊虫进入池内产卵或池壁长藻等,同时防止臭氧溢出对环境的影响,以保证生物安全性。

每格活性炭滤池宜设进水调流阀、出水阀、气冲阀、排放阀、放空阀和排气阀,且所有阀门宜采用电动执行机构。

活性炭滤池的钢筋混凝土池壁与炭接触部位应采取防电化学腐蚀措施。

宜设置初滤水排放设施。

1)上向流活性炭滤池设计要求

①滤速一般为10~12m/h,炭层空床停留时间一般为6~12min,炭层厚度一般为1.0~2.0m,水源水质较差时可适当增加炭层厚度和空床停留时间。设计最大炭层总水头损失宜为1.0~1.3m。

②由于上向流活性炭滤池滤层处于微膨胀状态,而膨胀度会受到水温的影响(其他条件相同时,随水温的增加,膨胀度降低),所以膨胀率一般为30%~50%,且最高设计水温时,炭层的膨胀率应大于25%。在设计滤池高度时,应根据选定的活性炭膨胀度曲线,校核排(出)水槽底和出水堰顶的高程是否满足不同设计水温时,设计水量和反冲洗强度下的炭床膨胀高度的要求。需要注意最低水温下,反冲洗时炭层膨胀面应低于出水槽底或

出水堰顶。

③出水可采用出水槽或出水堰收集水，其溢流负荷不宜大于 $250m^3/(m \cdot d)$，以防止活性炭被出水带出流失。

④上向流活性炭滤池的工作周期较长，一般可达半个月以上，甚至更长，但是为了避免板结，一般运行 7～15d 后宜进行反冲洗，具体视实际情况确定。无需水冲，气冲最大强度可为 $60m^3/(m^2 \cdot h)$，反冲洗历时 3～5min，然后保持正常进水滤速，排掉初滤水。同时，也可考虑采用单水辅助反冲洗，强度 15～20 $m^3/(m^2 \cdot h)$。考虑气冲后出水浊度升高，设置初滤水排放管。水冲宜采用具有调节水量能力的水泵冲洗方式。具体方法可采用变频水泵或增加水泵台数以及在水冲洗总管上设计测量设备等措施。

⑤上向流活性炭滤池布水布气系统宜采用适合于气水联合反冲洗的专用穿孔管或小阻力滤头，也可参考翻板滤池的配水配气形式，由于省去了翻板阀和中央排水渠，相关建设费用与均质滤料气水联合反冲洗滤池相当，但可避免滤板滤头可能因反冲洗不均匀造成的堵塞。当采用专用穿孔管配水时，宜采用粒径 2～32mm 的一定级配的分层砾石作为承托层，厚度宜为 400mm 以上，或通过试验确定；当采用小阻力滤头配水时，承托层宜采用粒径为 2～4mm 的粗砂，厚度不宜小于 100mm。

⑥活性炭滤池进水或反冲洗水不应含氯，活性炭进水浊度一般应小于 1NTU。

2）下向流活性炭滤池设计要求

①处理水与炭层的空床接触时间宜为 6～20min，空床流速宜为 8～20m/h，炭层厚度宜为 1.0～2.5m，炭层最终水头损失应根据活性炭粒径、炭层厚度和空床流速确定。

②经常性的反冲洗周期宜采用 2～6d。

采用单水反冲洗时，常温反冲洗强度宜采用 11～13L/$(m^2 \cdot s)$，历时宜为 8～12min，膨胀率宜为 15%～20%；定期大流量反冲洗强度宜采用 15～18L/$(m^2 \cdot s)$，历时宜为 8～12min，膨胀率宜为 25%～35%。

采用气水联合反冲洗时，应采用先气冲后水冲的模式：气冲强度宜采用 15～17L/$(m^2 \cdot s)$，历时宜为 3～5min，水冲强度宜为 4～8L/$(m^2 \cdot s)$；单水反冲洗时水冲强度宜为 12～17L/$(m^2 \cdot s)$，膨胀率宜为 15%～20%。

冲洗水宜采用活性炭滤池出水或砂滤池出水，不宜含氯。水冲宜采用水泵供水，水泵配置应适应不同水温时反冲洗强度调整的需要，气冲应采用鼓风机供气。

③采用单水反冲洗时，宜采用中阻力滤砖配水系统；采用气水联合反冲洗时，宜采用适合于气水联合反冲洗的专用穿孔管或小阻力滤头配水配气系统；滤砖配水系统承托层宜采用砾石分层级配，粒径宜为 2～16mm，厚度不宜小于 250mm；滤头配水配气系统承托层可采用粒径 2～4mm 粗砂，厚度不宜小于 100mm。

④后置活性炭滤池

a. 活性炭滤池出水口宜加装精密过滤器，精密过滤器拦截网孔径宜为 200 目。

b. 炭层下面宜铺设 300～500mm 厚的砂垫层，粒径 0.6～1.2mm。

c. 反冲洗水加装加氯设备。

3）炭砂滤池

①炭砂滤池宜采用小阻力配水系统。

②炭砂滤池在正常运行条件下采用单水反冲洗，定期采用气水联合反冲洗。水冲时，

膨胀率宜为 20%～30%，强度宜为 12～14L/(m² · s)，历时 8～12min。气冲强度宜为 8～10L/(m² · s)，历时宜为 2～4min。宜根据不同活性炭的性能调整反冲洗强度，既要冲洗充分，又要保持滤池不跑炭。

③水厂快滤池改造为炭砂滤池时，需要充分考虑快滤池的深度，根据进水水质在可行的范围内尽量增加滤料层的厚度，提高对污染物的去除效果。

另外，在活性炭-超滤工艺中，活性炭滤池设计建设宜结合超滤工艺运行考虑。

①为了尽量减少破碎的活性炭颗粒对超滤膜造成刮伤损坏，活性炭滤池滤料宜选用硬度较高、完整度较好的柱状颗粒活性炭，不建议使用破碎颗粒活性炭。

②由于有超滤膜作为后续屏障，为了最大限度发挥活性炭的吸附和生物降解作用，节约投资，活性炭滤池滤料可全部选用活性炭，无需装填石英砂层。

③日光照射会使活性炭滤池容易滋生藻类微生物，而藻类有机物容易堵塞膜孔，对超滤膜造成严重的污染。因此，活性炭滤池宜在表面增加遮光设施。

④为了减少活性炭滤池反冲洗过程中对活性炭颗粒造成磨损以及流失，反冲洗强度应相应降低。工程设计上宜对反冲洗设备进行变频控制及在活性炭滤池排水槽上设置可调节堰板，以便日后生产人员可灵活优化活性炭滤池反冲洗方案。

我国部分已建成深度处理水厂活性炭滤池选型情况见表2-7。

现有深度处理水厂活性炭滤池选型及设计参数　　　　　　　表 2-7

		笔架山水厂	梅林水厂		沙头角水厂	古横桥水厂（三期）	南山水厂	红木山水厂	贯泾港水厂（二期）
处理规模（万 m³/d）		26	60		4	5	30	20	15
滤池池型		翻板滤池（下向流）	V型滤池（下向流）		普通快滤池（下向流）	V型滤池（下向流）	普通快滤池（上向流）	上向流悬浮活性炭/沸石复合床生物滤池	普通快滤池（上向流）
滤池格数（个）		8	24		10	4	16	8	9
滤池尺寸(m)		13.5×9.5	12×9.8		6.4×4	3.38×12.38	9.2×8	13.5×7	7.3×8.6
单池过滤面积(m²)		138	96		25.6	41.84	73.6	94.5	62.78
接触时间(min)		12	11.1		8.1	15	13.5	16	12.9
炭层	炭层类型（煤质压块）	破碎炭	柱状炭	破碎炭	柱状炭	柱状炭	破碎炭	破碎炭	破碎炭	破碎炭
	炭层厚度(m)	2.1	2.1	1.85	1.85	1.05	2.5	2.5	2.0	2.5
	炭层有效粒径(mm)	8×30目	Φ1.5, L2～3mm	8×30目	Φ1.5, L2～3mm	Φ1.5, L2～3mm	30×80目	0.27～0.83（20×50目）	20×50目	20×50目
砂垫层	砂垫层类型	石英砂	石英砂		石英砂	石英砂	—	—	—
	砂垫层厚度(m)	0.3	0.3		0.2	0.3	—	—	—
	砂垫层粒径(mm)	0.6～1.0	0.9～1.1		—	0.6～1.0	—	—	—

		笔架山水厂	梅林水厂	沙头角水厂	古横桥水厂（三期）	南山水厂	红木山水厂	贯泾港水厂（二期）
承托层	承托层类型	砾石	砾石	砾石	砾石	砾石	砾石	砾石
	承托层厚度(m)	0.05	0.05	0.1	0.45	0.45	0.45	0.45
	承托层粒径(mm)	3～12	4～8	2～8	2～16	2～16	2～4 4～8 8～16	2～16
反冲洗	反冲洗类型	气、水两段反冲洗	气、气水、水三段反冲洗	气、水两段反冲洗	气、大水量水、小水量水三段反冲洗	气冲	气冲	气冲
	气冲强度 [L/(m²·s)]	15.6	12.7	15.2	15.2～16.7	15.2	15.6	最大强度16.7
	水冲强度 [L/(m²·s)]	7～8	4～6	8	大水量16.7、小水量2.78	—	—	单水辅助反冲洗，强度4.2

2. 活性炭滤料及其铺装

活性炭是活性炭滤池的重要组成部分，在臭氧活性炭深度处理工艺的运行费用中所占比重较大，因此选择合适的活性炭，对于水厂生产运行尤为重要。活性炭是用含炭为主的物质作原料，经高温炭化和活化制得的疏水性吸附剂，因此它具有良好的吸附性能及稳定的化学性能，耐强酸及强碱，能经受水浸、高温、高压的作用，且不易破碎。活性炭的突出特性是它具有发达的孔隙结构和巨大的比表面积，因此具有较强的吸附能力。活性炭是去除水中 NOM、降低氯化 DBP_S 前体物的有效方法。

活性炭种类多、性能差异较大。根据颗粒尺寸的大小，活性炭可分为颗粒活性炭和粉末活性炭，颗粒尺寸在 80 目（0.18mm）筛网以上的活性炭称为颗粒活性炭，反之称为粉末活性炭。颗粒活性炭按照外观形状可分为具有一定外形的颗粒活性炭（如柱状颗粒活性炭、球形颗粒活性炭）和不规则颗粒活性炭（主要为破碎炭）。而按照原料不同又可分为煤质活性炭和木质活性炭等。给水处理中的活性炭滤池中的活性炭宜采用煤质颗粒活性炭，煤质颗粒活性炭可分为柱状炭、原煤破碎炭、压块破碎炭。

（1）活性炭滤料的选择

活性炭的选择应从其吸附性能、机械强度和对水质处理能力等多角度考虑。活性炭的吸附性能与活性炭的使用寿命、出水水质等相关。活性炭的强度与活性炭的使用寿命有一定的关系，活性炭应保证足够的机械强度，反冲洗时耐磨损，损耗率较小。

城镇水厂深度处理用活性炭应采用吸附性能好、机械强度高、化学稳定性好、粒径适宜且不含有足以影响人体健康的有毒、有害物质的煤质颗粒活性炭。其相应的技术指标应符合现行国家标准《煤质颗粒活性炭　净化水用煤质颗粒活性炭》GB/T 7701.2 和现行行业标准《生活饮用水净水厂用煤质活性炭》CJ/T 345 的要求。

在使用活性炭之前，宜结合具体原水水质对活性炭开展静态吸附、动态穿透等试验，根据当地目标水质要求选择活性炭的型号规格。静态吸附试验包括静态吸附量、吸附等温线、吸附速度试验等，其中吸附等温线测定可以参照《生活饮用水净水厂用煤质活性炭》CJ/T 345—2010 附录 A 的实验方案。动态穿透试验是指吸附柱动态试验，动态试验时间不应少于三个月，从而确定适宜原水水质的活性炭及工艺参数，主要包括活性炭种类、规格和性能指标及最佳的炭层厚度、滤速、接触时间、反冲洗时的膨胀率等工艺参数。

下向流活性炭滤池中的活性炭粒径可选用 $\Phi 1.5mm$、8×30 目、12×40 目规格或通过试验确定，炭砂滤池宜选用 8×30 目颗粒活性炭。

炭砂滤池作为快滤池，需要经历频繁的反冲洗，因此活性炭的强度应该纳入选炭的重要指标。

上向流活性炭滤池的活性炭粒径比下向流吸附池的活性炭粒径稍小，规格一般采用 20×50 目、30×60 目或通过试验确定。

在选择活性炭之前，必须从活性炭生产厂商处取得完整的经法定检测单位检测的技术性参数报告或说明书，作为选择活性炭的依据之一。

在选择活性炭时，应当利用当地水源为试验水样，针对不同指标的活性炭进行筛选试验，在兼顾指标的同时，选取相应的活性炭，从而达到理想的处理效果。

针对深圳水库型水质的特点，深圳市水务（集团）有限公司在大量试验研究的基础上制定了臭氧活性炭深度处理工艺活性炭采购的主要技术指标（见表2-8），可供具有相似水源水质的城镇供水厂做选炭参考。

煤质活性炭技术指标   表 2-8

类别	序号	项目	目标值
限制项	1	碘值(mg/g)	≥950
	2	亚甲蓝值(mg/g)	≥180
	3	丹宁酸值(mg/L)	≤1500
	4	灰分(%)	≤12
	5	水分(%)	≤3
	6	强度(%)	≥95
	7	粒度	柱状炭:直径1.5mm;高2~3mm
			破碎炭:8×30目
	8	pH	6~10
	9	装填密度(g/L)	≥460
	10	比表面积(m²/g)	≥950
	11	总孔容积(cm³/g)	≥0.65
参考项	12	孔径分布(cm³/g)	10~30nm下孔容积≥0.014
	13	腐殖酸值(UV)(%)	≥10

（2）活性炭的铺装

1）活性炭装填之前应对每一格滤池进行彻底清洗消毒，将滤池内的所有杂质冲洗干净，用有效氯离子含量不低于 $20mg/L$ 的清洁水浸泡 $24h$ 后排出，反复冲洗直至不含余氯。并做好每一滤层标高标记。

2）活性炭铺装宜采用水力输送，整池进炭时间宜小于 $24h$。

3）活性炭浸水后一般会发生 15% 的永久性膨胀，因此一般装填到最终体积的 85% 左右。

4）活性炭浸泡和炭床反冲洗：活性炭装填后应用水浸泡 24h，使活性炭孔隙充满水，并用 50% 设计强度的水反冲洗，去除细炭粉。逐渐提高水反冲洗强度，反冲洗时间约 10min，记录炭层厚度，并补充炭，再反冲洗，多频次反冲洗，直至达到设计高度。

5）为避免降低活性炭的吸附性能，浸泡及反冲洗水应不含氯，特殊情况下余氯小于 0.1mg/L。

6）初始活性炭滤池浸泡液 pH、铝离子浓度较高，需持续浸泡，每 24h 反冲洗、换水一次，每次反冲洗时间 10min，直至活性炭滤池出水 pH 低于 8.5 或不影响出厂水的 pH，铝离子低于 0.2mg/L，待滤水合格后方可投入生产运行。

（3）活性炭的更换

碘值、亚甲蓝值可作为活性炭表面微孔数量的表征，但不能完全反映活性炭处理水中有机物的能力。随着活性炭滤池运行时间的延长，碘值及亚甲蓝值呈下降趋势，运行初期下降较大，初期活性炭以吸附为主，而中后期的吸附作用减弱，以生物降解作用为主，虽然此时碘值、亚甲蓝值较小，但对有机物和氨氮等污染物的去除效果较稳定。因此不能仅采用碘值与亚甲蓝值作为活性炭滤池运行的控制指标，还应考虑活性炭滤池出水水质指标，进行活性炭换炭的判断。当活性炭使用是以吸附水中有机物为主要目标时，活性炭的失效指标宜以碘值为主；当活性炭使用是以生物降解水中有机物为主要目标时，活性炭的失效指标宜以活性炭滤池出水特征水质指标为主，同时考虑活性炭本身的粒度、强度等性能指标。

活性炭更换的依据主要有出水水质、使用年限、活性炭性能指标等，水厂应结合实际情况进行选择。

1）活性炭失效的判断依据

活性炭失效的判断依据是以出水水质合格为前提，建议采用碘值作为基本判定参数，机械强度作为限制性参数，生物量和生物活性作为辅助参数。具体数值需要各水厂结合各自实际水质状况及运行分别予以确定。运行过程中应监测活性炭滤池进出水主要水质指标以及碘值、亚甲蓝值、粒度、强度等活性炭指标。

活性炭滤池通常处于水处理工艺的后端，活性炭滤池出水应设置质量控制点，对出水浊度、pH、氨氮、高锰酸盐指数、溴酸盐和微生物指标等进行监测。活性炭失效的评价指标应主要以处理后水质能否稳定达到水质目标为依据，并考虑活性炭剩余去除污染物能力是否适应水质突变的情况。当水厂出水水质下降并等于或低于各水厂内控指标的 90% 时，或者活性炭的强度等性能指标满足不了要求时，视为活性炭失效，应换炭。

针对各种水质条件及工艺使用需求，活性炭失效判定主要依据如下：

①活性炭失效判别应根据其功能要求和出水水质要求，在确保出水水质达到现行国家标准《生活饮用水卫生标准》GB 5749 要求的基础上，进行综合评判。

②活性炭单元对高锰酸盐指数去除率低于 15%（当水温低于 10℃时，高锰酸盐指数去除率低于 10%）。

③针对原水中氨氮问题，应通过优化微生物生长条件来强化氨氮的去除，氨氮去除率根据实际情况不宜低于 30%（水温 5～10℃时氨氮去除率不宜低于 20%）。

④活性炭强度低于 80%，活性炭碘值低于 600mg/L。

⑤水厂出水水质连续一周下降，相应的水质指标等于或大于水厂内控指标的90％。

⑥嗅味去除率＜90％时。

⑦下向流活性炭滤池活性炭 K_{80} 大于3.5，且粒度小于0.8mm的活性炭比例大于35％时，宜更换活性炭。

⑧三氯甲烷去除率＜20％时。

⑨当臭氧活性炭深度处理工艺存在多个去除目标时，建议其失效判别通过现场试验研究确定。

2）活性炭更换步骤

活性炭滤池更换活性炭时，宜按不高于活性炭滤池格数15％的比例分批进行更换。活性炭滤池更换滤料一般分为以下几个步骤：旧滤料的清除、滤池的清洗、池内各部件的检查、滤池的消毒、池内标高的测定、滤料的铺装、浸泡及反冲洗、滤池的调试。

2.2.2　活性炭滤池的运行管理

1. 活性炭滤池的操作

活性炭滤池的操作见表2-9。

活性炭滤池运行条件和反冲洗周期　　　　　　　　　　表2-9

流向	运行条件	反冲洗周期
下向流	1. 活性炭滤池进水不应含氯； 活性炭滤池进水的余臭氧稳定控制在0.1～0.2mg/L； 2. 反冲洗水不宜含氯，可采用砂滤池或活性炭滤池出水，可设置反冲洗加氯装置，必要时间歇性加氯反冲洗； 3. 活性炭滤池应采取遮阳措施或滤池加盖； 运行或反冲洗时，严禁滤料暴露在空气中	正常生产状态下采用自动运行模式，滤池反冲洗周期根据以下三个条件，满足任何一个条件即可反冲洗：活性炭滤池的滤后水浊度≥0.3NTU；达到设定的水头损失值2m；达到设定的反冲洗周期
上向流	1. 进水的余臭氧稳定控制在0.1～0.2mg/L； 2. 活性炭滤池进水不应含氯，进水浊度应小于1NTU； 3. 反冲洗水不宜含氯，可采用砂滤池出水； 4. 应采取遮阳措施； 运行或反冲洗时，严禁滤料暴露在空气中	上向流活性炭滤池的反冲洗周期视水质、水温变化而定，一般为7～15d，具体根据每个水厂活性炭滤池实际运行情况可对反冲洗强度及历时、反冲洗周期进行调整

2. 初期和日常运行管理

（1）初期运行管理

1）活性炭滤池运行之前需对其进行调试，首先是单池调试：对液位计、压差计、浊度仪的校准，活性炭滤池的浸泡和洗炭冲洗过程，待洗炭出水没有明显的活性炭溢出，同时满足出水浊度小于1NTU后，进行恒水位过滤测试、反冲洗膨胀率测试、滤池阀门开度以及风机和水泵的运行参数测试；单池测试后进行整套滤池的调试。

2）活性炭滤池启动挂膜成功至少需要3个月的适应期，生物量及生物活性沿水流方向呈下降趋势，通过分析生物量及生物活性，结合出水水质变化可判断启动挂膜是否成功。

3) 活性炭滤池挂膜期间应考虑适宜生物挂膜的原水条件，如水温和水质情况。为保证启动挂膜快速完成，需要根据现场实际情况进行水温、水质、滤池反冲洗及臭氧投加量的调整。挂膜期间应以活性炭滤池进水中的剩余臭氧量为参数控制臭氧投加量，避免过量的剩余臭氧破坏生物膜形成的环境条件，影响挂膜效果。活性炭滤池进水剩余臭氧量宜控制在 0.05～0.1mg/L 范围内。

4) 定期检测活性炭的碘值、亚甲蓝值、生物量等指标，关注高锰酸盐指数和氨氮的变化情况（具备条件的可监测亚硝酸盐氮和活性炭滤池进出水中细菌的变化情况），经一段时间运行后，活性炭滤池对 COD_{Mn} 的去除率下降，氨氮去除率有明显上升，或炭层表面以下 10～30cm 活性炭生物总量大于 100nmol/g，可判断活性炭滤池去除有机物以生物作用为主，表明挂膜成功。

5) 活性炭滤池挂膜成功后，应设定合适的反冲洗强度和反冲洗时间等控制参数进行正常反冲洗，首次反冲洗时，气冲以低于设计反冲洗强度为宜，以不跑炭为基本原则，反冲洗时间可以根据反冲洗排水的浊度进行确定。

6) 在活性炭滤池运行初期（半年内），应加密水质、活性炭指标的监测，活性炭滤池进水剩余臭氧量稳定控制在 0.1～0.2mg/L。每天应检测活性炭滤池进出水 pH、氨氮、高锰酸盐指数以及亚硝酸盐氮等指标 1～3 次；根据需要选测 TOC、UV_{254} 等指标。

（2）水质管理

1) 水质监测项目和管理

①活性炭滤池进水应设置质量控制点，检测指标包括余氯（前加氯时）、浊度、pH、铝、高锰酸盐指数、氨氮等。如：活性炭滤池进水不应含余氯（特殊情况余氯小于 0.1mg/L）；进水浊度上向流应小于 1NTU，下向流宜小于 0.3NTU 等。

②活性炭滤池出水水质监测应重点关注浊度、pH、COD_{Mn}、菌落总数、颗粒计数等指标，并根据季节和原水水质的不同，按不同的频率挂网检测浮游生物［桡足类（剑水蚤）］密度；每半年应对致嗅物进行一次检测。如：后置式活性炭滤池出水浊度应低于 0.2NTU，桡足类微型动物密度宜低于 1 个/20L。观察进出水的变化及出水水质是否满足内控指标要求。

③定期检测活性炭滤池的生物量、异养菌、氨化细菌、亚硝化细菌、硝化细菌，并根据季节和原水水质的不同，按不同的频率检测浮游生物［桡足类（剑水蚤）］密度。建立活性炭滤池运行的各项检测数据档案，定期对活性炭滤池运行状况进行评估。

④对于加装有精密过滤器拦截网的后置活性炭滤池，拦截网宜每周清洗一次。生物繁殖高峰期，应增加清洗频次。

⑤活性炭滤池运行一段时间后，由于原水碱度偏低，且微生物作用较活跃，对于南方地区某些水体，有可能导致出水 pH 降低，针对这种情况，宜采取在活性炭滤池后加石灰澄清液或氢氧化钠，或者沉后投加氢氧化钠等措施提高出水 pH。

⑥当活性炭滤池出水浊度升高，同时 COD_{Mn} 不能稳定控制在 3mg/L 以下时，应检测是否有机物穿透。

⑦当切换原水或出现原水异味、原水有机物含量增加等情况时，不宜超越活性炭滤池。

⑧建立水质检查制度，加强臭氧活性炭工艺各单元关键水质管理，臭氧活性炭工艺各

单元关键水质检测项目及频率见表2-10。

⑨净水厂还须根据生产实际，如水量、水质的变化，不断摸索、积累运行参数，做好工艺调整和管理工作。优化接触时间、滤池滤速、运行周期、反冲洗强度等工艺参数。

臭氧活性炭工艺各单元关键水质检测项目及频率　　　　　表2-10

单元	臭氧活性炭工艺					
指标类别	感官及对应物	理化常规	生物消毒	副产物及前体物	新型污染物	检测频率
原水	致嗅物(2-MIB、土臭素、藻类)、嗅阈值	—	—	DBPsFP	抗生素	DBPsFP半年1次，其他指标每月1次
预O₃出水	嗅阈值	余O₃	—	溴酸盐、DBPsFP		余O₃在线监测，溴酸盐、DBPsFP半年1次,其他指标每月1次
砂滤出水	致嗅物(2-MIB、土臭素、藻类)、嗅阈值	UV₂₅₄、颗粒数、COD_Mn、余氯	浮游动物[桡足类(剑水蚤)]、余氯、菌落总数	DBPsFP	—	1.余氯、颗粒数在线监测，每月分组下载统计分析1次； 2.致嗅物、DBPsFP半年1次、菌落总数、浮游动物、COD_Mn每天1次； 3.其他指标每月1次
主O₃出水	致嗅物(2-MIB、土臭素、藻类)、嗅阈值	余O₃	—	DBPsFP	—	1.余O₃在线监测，每月下载统计分析1次； 2.致嗅物、DBPsFP半年1次
活性炭滤池出水	致嗅物(2-MIB、土臭素、藻类)、嗅阈值	COD_Mn、浊度、pH、颗粒数	浮游动物(桡足类(剑水蚤))、菌落总数	DBPsFP、溴酸盐、甲醛	—	1.浮游动物、菌落总数、COD_Mn每天1次； 2.颗粒数在线监测，每月分组下载统计分析1次； 3.浊度、pH每日3次； 4.致嗅物、DBPsFP半年1次，其他指标每月1次
出厂水	嗅阈值	AOC	浮游动物[桡足类(剑水蚤)]、菌落总数	DBPs、溴酸盐、甲醛	抗生素	1.浮游动物每天1次； 2.菌落总数每天3次； 3.AOC、DBPs、抗生素半年1次，其他指标每月1次

2）活性炭检测项目和频率

①应定期（通常每季度）开展活性炭滤池工艺参数的测定工作，参数包括滤料厚度、滤速、反冲洗强度、膨胀率、反冲洗水浊度等，以防止滤料流失，保证滤池正常运行。活性炭滤池炭层高度下降至设计值的90%时，应进行补炭。

②每年应对活性炭滤料进行一次抽样送检，检测项目主要包括碘值、亚甲蓝值、单宁酸值、强度、粒径分布等，并对检测数据进行长期跟踪分析，防止粒度、强度不断减小导致的跑炭和堵塞滤池现象。

抽样方式：在活性炭滤池四周及池中分别取炭样各500g，可取自3个炭层，混合均匀后分成 5 份，取其中的一份送检。

③每年应对活性炭滤池的有效性进行分析评估，活性炭滤池对目标污染物的去除效果达不到要求时应进行更换。

（3）日常运行管理

1）主（后）臭氧投加量应满足主臭氧接触池出水中剩余臭氧量稳定控制在 0.1～0.2mg/L。

2）合理的反冲洗是保证活性炭滤池成功运行的一个重要环节，可充分除去过量的生物膜和截留的微小颗粒，而频繁的反冲洗则使生物膜难以形成。

①活性炭滤池的反冲洗水不宜含余氯；下向流可采用活性炭滤池或砂滤池出水，上向流可采用砂滤池出水。

②活性炭滤池应定期进行反冲洗，下向流活性炭滤池反冲洗周期一般根据以下三个条件确定，满足任一条件即应进行反冲洗：a. 活性炭滤池出水浊度≥0.3NTU；b. 活性炭滤池水头损失值≥2m；c. 反冲洗周期时间到。上向流活性炭滤池视水质、水温变化而定，一般 7～15d 进行反冲洗。

③保证合理的反冲洗时间、反冲洗强度和膨胀率。一般将反冲洗结束时排出水浊度作为反冲洗强度和历时是否达到反冲洗目的的衡量标准。一般要求反冲洗后池面水浊度不应大于 10NTU。全年滤料损失率一般不应大于 10%。

④活性炭滤池的反冲洗强度和周期应根据原水水质、水头损失、净化效果及微生物滋生等情况及时进行调整。上向流活性炭滤池的运行关键在于合适的膨胀率，膨胀率低不能充分发挥上向流的优势，膨胀率高影响生物量。

⑤炭砂滤池的反冲洗一方面要将滤池冲洗干净，另一方面要保证滤料上有足够的生物量在后续运行中维持滤池的正常运行。当炭砂滤池处于正常运行阶段时，应单独用水进行反冲洗，以减小气冲对细菌产生的负面影响；当运行时间较长特别是出现了结泥情况后，必须根据情况适时采用气水联合反冲洗手段，但对气冲的强度和时间要根据具体情况进行控制。

⑥应定期对每格活性炭滤池的反冲洗全过程进行观察，内容包括反冲洗是否均匀，反冲洗过程中有无干冲、气阻、跑滤料、串气等现象，反冲洗强度及反冲洗时间是否合理，冲洗是否干净，滤料表面有无积泥、不平整现象。保证池内活性炭反冲洗时分布均匀，炭层表面平整。

⑦活性炭滤池的反冲洗周期受季节、水量和运行年限等的影响。比如一般冬天的反冲洗周期可大于夏天的反冲洗周期。活性炭滤池反冲洗周期的设定应根据不同季节充分考虑滤池水头损失和生物量，同时考虑进出水细菌总数和生物总量等因素，调整反冲洗频次。

⑧活性炭滤池出现下列情况时，宜延长反冲洗时间或提高反冲洗频次，保证反冲洗效果：

a. 反冲洗过程中发现表面炭层板结。

b. 活性炭滤池出水菌落总数持续偏高，反冲洗后也没有明显降低。

c. 活性炭滤池水头损失过大。

d. 反冲洗后出水阀门开度偏大。

e. 反冲洗后，池面水浊度高于控制值，延长水冲时间没有明显改善。

3）活性炭滤池反冲洗后进水时，池中的水位不得低于排水槽，严禁滤料暴露在空气中。活性炭滤池反冲洗后应排放初滤水或静置炭层一定时间以保证滤后水水质。

4）下向流活性炭滤池在进水时，由于水流的冲刷以及漩流作用，带动炭层表面形成凹陷和凸起，影响活性炭滤池的观感和滤后水水质，可在配水渠安装消能板，以缓冲水流冲力。

5）活性炭滤池因故停池期间，应保留水位在炭层之上，严禁炭滤料暴露在空气中。滤干的滤层积气会造成"气阻"和"断层"现象，影响过滤效果。每次停池后再恢复运行时，最好排空池内的水，反冲洗后再恢复运行，加大氯的投加量，并关注活性炭滤池出水pH和亚硝酸盐。

6）应加强常规处理工艺和设施管理，防止微生物泄漏。比如下向流活性炭滤池出水口宜安装200目不锈钢滤网控制微生物泄漏。再如每年应对沉淀池放空清洗1～2次，加强砂滤池池壁和进出水渠道的清洗等。

7）当出现微生物泄漏时应采取以下控制措施：①加强常规处理工艺出水生物量控制；②延长反冲洗时间，提高反冲洗频次；③清洗活性炭滤池池壁和渠道。同时，宜停止砂滤池及活性炭滤池反冲洗水回用。

8）当已出现微生物泄漏且影响出水水质时，应停运活性炭滤池并查找原因，必要时应采用次氯酸钠溶液浸泡石英砂滤池，采用高浓度臭氧水浸泡活性炭滤池，经反冲洗合格后再投入使用。

9）当发现滤池炭层凹陷时，应立即停池并检查漏炭原因，如滤头是否损坏、反冲洗是否跑炭、滤板结构是否损坏等。当滤料损失率大于10％时，应补炭至炭层设计厚度。

10）日常巡检内容包括：活性炭滤池的运行液位、滤池滤料表面平整情况、滤池阀门、滤后水水质仪表、反冲洗水泵、风机工作状态有无异常。巡检内容见第6章6.2节。

11）活性炭滤池中氧气充足，既适合微生物生长，也适合生物繁殖。因此，如果活性炭滤池是敞开式的，建议在其上方设置遮光布等，采取必要的避光措施，防止直接光照，避免因日光引起的藻类（如蓝藻）大量繁殖，以及因夜晚的灯光照射引来蚊虫产卵导致产生红虫等现象发生，也可避免水中余臭氧偶尔溢出而造成的活性炭滤池上方气味异常。

12）活性炭滤池不同池型管理要点见表2-11。

活性炭滤池不同池型管理要点　　　　　表2-11

池型	管理要点
V型滤池	反冲洗时关注水冲强度，控制膨胀率20%～30%，如有气水同时反冲洗，降低水冲强度，避免跑炭
翻板滤池	宜安装反冲洗表洗装置，如没有表洗装置，可在反冲洗排水时手动冲洗活性炭滤池表面。反冲洗时宜先开启翻板阀至50%开度，再逐步开启到100%开度
普通快滤池	关注反冲洗后滤料的分层情况，可定期检测表层滤料的粒径及强度，必要时更换表层炭滤料

2.2.3　活性炭滤池设施设备的维护

活性炭滤池设备主要有：活性炭滤池反冲洗系统设备（鼓风机、反冲洗水泵和气动阀辅助设备空气压缩机）、活性炭滤池的各类控制阀门（进水阀、出水阀、反冲洗气阀、反冲洗水阀和排空阀）、在线水质监测仪表和 PLC 控制系统。

（1）应编制各设备的管理程序和操作规程，制定定期维护保养计划，并严格遵照执行，保证设备运行的稳定性，见第 6 章 6.3 节。

（2）维修人员在对设备进行维护时，应做好相关的维护保养、维修记录。

（3）值班人员要按时进行日常保养，擦拭外观，做好设备运行环境卫生，确保设备按操作规程操作后能正常运转，安全可靠。

2.2.4　安全及卫生管理

（1）使用涉水产品应具有生产许可证、省级以上卫生许可证、产品合格证及化验报告，供水企业应执行索证及验收制度。

（2）每批净水原材料（主要包括活性炭等）在新进厂和久存后投入使用前必须按照有关质量标准进行抽检，未经检验或者检验不合格的，不得投入使用。

（3）活性炭滤池宜根据当地情况采用隔离或防护措施。

（4）人员进入活性炭滤池前，应保证池内空气中臭氧浓度处于安全范围。

（5）活性炭容易吸附空气中的氧，可造成局部空间的严重缺氧危险。因此在进入存放活性炭的封闭空间或半封闭空间时，必须严格遵守有关缺氧大气的适当安全措施。

（6）活性炭是还原剂，在贮存中要严格避免与氯、次氯酸盐、高锰酸钾、臭氧和过氧化物等强氧化剂直接接触。

（7）活性炭与烃类（油、汽油、柴油燃料、油脂、颜料增稠剂等）混合，可引起自燃。因此活性炭必须与烃类隔开贮存。

（8）定期对活性炭滤池进行清洗，清洗时应去除池壁以及进水槽上的附着物，保持卫生整洁。

2.3　臭氧活性炭深度处理工艺主要风险与管控

2.3.1　臭氧氧化处理工艺主要风险与管控

结合现行臭氧活性炭深度处理水厂的实际运行经验，对臭氧氧化处理工艺环节开展风险评估，水质安全风险主要体现在因臭氧投加可能导致的溴酸盐副产物增加风险，此外，因臭氧的特殊性，在大气环境、设备运行方面也存在一些风险，需关注并进行管控。

1. 臭氧副产物溴酸盐偏高

主要原因：原水中含有溴离子时，投加臭氧会产生溴酸盐（《生活饮用水卫生标准》GB 5749—2006 中溴酸盐限值为≤0.01mg/L）。

措施：溴酸盐的控制宜根据水质条件，并通过试验选用以下方法：

（1）原水中溴化物浓度较高（高于 0.1mg/L）时，臭氧投加量应降低，降低水中剩余臭氧的平均浓度，应加强工艺过程水及出厂水的溴酸盐监测。

（2）$KMnO_4/O_3$ 复合强化氧化可减少预臭氧投加量，降低溴酸盐的生成。

（3）可增加臭氧投加点数量控制溴酸盐生成量，宜设 3～4 个投加点。

（4）缩短臭氧的平均接触时间。

（5）加酸或 CO_2 降低待处理水的 pH。

（6）加氨或硫酸铵：加注在主臭氧接触池前，加氨量一般在 0.2～0.3mg/L。氨能与

HOBr/BrO⁻反应，抑制溴酸盐的生成：$NH_4^+ + HOBr/BrO^- \rightarrow NH_2Br \rightarrow NHBr_2 \rightarrow NBr_3 \rightarrow NO_3^- + Br^-$。

（7）采用高级氧化（O_3/H_2O_2）：在主臭氧前面加过氧化氢（H_2O_2）。H_2O_2的投加量以与第一段臭氧投加量的摩尔比1:1为佳。H_2O_2作为氧化剂时，后面应有活性炭等工艺去除H_2O_2，以保障水质安全。此方法在加氨不能有效控制溴酸盐时可采用。

（8）原水中溴离子浓度＞150μg/L时，建议选用其他处理工艺，如预氯化加硫酸铵工艺。

（9）优化臭氧接触池：优化导流板（墙）、优化臭氧接触池出水方式。上述措施的选择体系如图2-11所示。

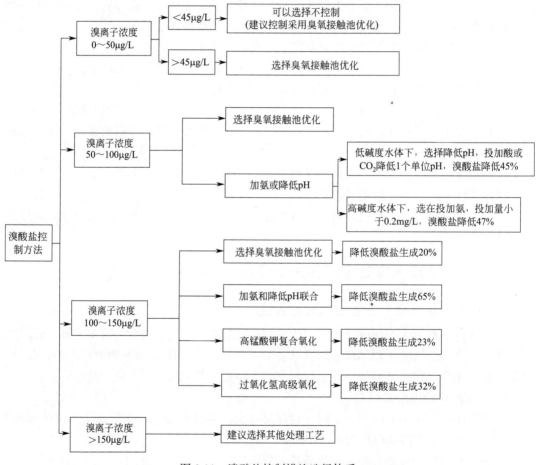

图 2-11   溴酸盐控制措施选择体系

2. 臭氧接触池或活性炭滤池周边空气中出现明显的臭氧异味

主要原因：

（1）臭氧投加量过大，超出臭氧尾气处理装置负荷；

（2）臭氧尾气处理装置故障；

（3）因突然大量进气或快速进水，超出臭氧尾气处理装置抽气能力，臭氧接触池顶双向透气阀冒气。

措施：

（1）校核臭氧投加量，主臭氧接触池出水余臭氧浓度宜控制在 0.1～0.2mg/L。

（2）检查臭氧尾气处理装置，如有故障需进行检查维修。例如：若臭氧尾气处理器出口的臭氧浓度大于 0.2mg/m^3，且处于持续增大的状态时，对于采用催化氧化法的臭氧尾气处理装置，说明催化剂开始失效，应考虑更换新的催化剂；若臭氧尾气处理装置的温度降低，说明加热设施有故障需维修或更换等。

（3）检查工艺工况中有无突然大量进气或快速进水的过程，予以排除。

（4）活性炭滤池加装密闭盖，避免剩余臭氧溢出到空气中。

3. 主臭氧接触池的尾气臭氧浓度升幅较大

主要原因：曝气盘变脏或破损。主臭氧通过陶瓷微孔曝气盘投加到水中，长时间的连续运行会在曝气盘上产生粘附物，从而导致曝气效率大幅度下降。如检测到破坏前尾气中的臭氧浓度大于 7mg/m^3，且呈逐步上升趋势，应考虑曝气盘变脏或破损。

措施：

（1）停用该主臭氧接触池，进行曝气盘清洗。清洗前应做好净水工艺超越深度处理的实施方案。

（2）曝气盘清洗过程可采用先浸泡后冲洗（清洗剂选择 31% 的浓盐酸浸泡 6～8h，然后用大量清水进行冲洗），最后再利用压缩空气进行短时间的气洗，可彻底清洁曝气盘的微孔结构，达到较好的清洗效果。

（3）维修或更换磨损较严重的曝气盘。清洗前应做好曝气盘更换的备品备件的准备。

4. 臭氧尾气处理装置异常

臭氧尾气处理装置的气体出口排出臭氧。这种情况可由环境空气检测仪检测出或闻到臭氧的味道。

催化分解型尾气处理装置可能的原因：

（1）催化剂达到使用寿命，或由于湿度、氯中毒等原因使催化剂失去活性。

（2）由于损耗引起填料不足。

（3）处理臭氧量或处理气流超过极限值。

措施：

（1）如果是催化剂寿命原因，应更换催化剂。受潮的催化剂在进行干燥后可以再使用。

（2）补充催化剂填料。

（3）应控制臭氧投加量，控制气流。

加热分解型尾气处理装置可能因各种因素导致工作温度不足或下降，原因及措施包括：

（1）加热元件损坏。检查更换。

（2）调节温度元件损坏。检查更换。

（3）断路器跳闸，电力供应中断。查明原因恢复。

（4）电气故障，比如电缆损坏、继电器触头腐蚀等。检查更换。

（5）气流超过最大允许量，可能因为排气泵排出太多的尾气，超过臭氧消除器的设计能力。检查排除，控制气流。

5. 臭氧发生器运行功率波动较大

臭氧发生器运行功率大比例波动，无法实现稳定控制，一般有两种原因造成这种异常情况：

（1）臭氧浓度监测仪出现故障或测量失真，多见于"恒定臭氧浓度，调节氧气流量"臭氧系统控制方式。该控制方式是根据水处理需要计算出臭氧需求量，按照设定的臭氧浓度，计算、调节出所需要的臭氧流量，控制方式依赖高测量精度、高稳定性的臭氧浓度监测仪。

措施：臭氧浓度监测仪维护、检修。临时应对解决办法如下：

1）增加臭氧发生器功耗异常判断功能，当功耗异常时即可判定出现了臭氧浓度监测仪故障或问题，及时改用其他控制方式；

2）预先将臭氧发生器的臭氧产量、功率、气量等数据存入装置，当功耗异常时用"臭氧发生器功率＋氧气流量来对应一定的臭氧量"的方法，代替臭氧浓度计算的臭氧量的方法参与自动控制；

3）对于可以固定气量的臭氧发生器，采用"恒定气体流量，调节臭氧功率"的控制方式；

4）必要时切换至人工调节。

（2）系统采用"根据水中余臭氧浓度自动调节臭氧产量"臭氧系统控制方式，该控制方式是根据水中溶解的臭氧浓度调节臭氧的投加量（即调节臭氧系统的臭氧发生量、投加分配量等），直接用在大型系统中难以实现：

1）在臭氧投加量相对较小、氧化反应快及臭氧分解速度快时，水中溶解臭氧浓度较小或难以监测到；

2）水中溶解臭氧浓度仪探头易受污染，使用一段时间后仪表的精度、快速响应、重复性等容易出现问题，准确性变差，检测值不准直接影响臭氧投加量控制；

3）大型臭氧系统接触反应时间较长，检测点的浓度值有较长时间滞后，仪表检测到的水中溶解臭氧浓度不能较快反映出当时的臭氧投加量大小，由此导致臭氧投加量调节频繁、投加量波动较大，无法快速实现稳定；

4）处理水量波动、水质波动，进一步影响运行平衡。

措施：多控制参量引入控制系统，完善算法。其他应对性解决办法如下：

1）实际控制采用"单位臭氧投加量＋关联处理水量"的办法，单位臭氧投加量按照经验数据在操作屏上设定，装置检测处理水量信号，用"单位臭氧投加量×处理水量"的方式控制臭氧产量，并根据水中溶解臭氧浓度仪检测的结果或水质分析化验结果修正单位臭氧投加量；

2）水中溶解臭氧浓度仪不参与控制，检测到的水中溶解臭氧浓度数据作为对臭氧投加量的校核参考。

2.3.2 活性炭处理工艺主要风险与管控

对活性炭处理工艺环节开展风险评估，活性炭滤池潜在的风险主要体现在生物泄漏风险、pH变化、投入运行时铝偏高、炭滤料强度降低引起的过水能力下降、出水 AOC 升高等，需关注并进行管控。见第 6 章 6.1 节表 6-2 和表 6-3。

1. 活性炭滤池浮游生物［桡足类（剑水蚤）］大量繁殖

主要原因：在桡足类（剑水蚤）繁殖的高发期，活性炭滤池发达的表面积和孔隙以及前加臭氧后溶解氧浓度的提高，为桡足类（剑水蚤）生物繁殖提供了有利条件。在此期间，应每天检测活性炭滤池总出水的桡足类（剑水蚤）数量，严格控制活性炭滤池出水生物体总数小于 1 个/20L，防止桡足类（剑水蚤）浮游生物爆发。

措施：（1）应加强常规处理工艺和设施管理，控制微生物来源。（2）预氯化取代预氧化，必要时，停止主臭氧的投加。（3）活性炭滤池出水安装 200 目不锈钢拦截网装置，加强活性炭滤池出水拦截网清洗次数。（4）炭层下面宜铺设 300～500mm 厚的砂垫层，粒径 0.6～1.2mm。（5）当出现微生物大量繁殖时，宜停止活性炭滤池反冲洗水回用。（6）当检测到活性炭滤池总出水中有活体桡足类（剑水蚤）出现，或总密度增加时，应对每个活性炭滤池挂网监测，找到桡足类（剑水蚤）密度异常的活性炭滤池，采取特定措施进行处理，如：对反冲洗水加氯，可根据剑水蚤繁殖情况，控制反冲洗加氯量范围为 1～3mg/L；加强对重点活性炭滤池的反冲洗频率、强度的调整；必要时采用加药剂浸泡的方式，浸泡方法见表 2-12；增加活性炭滤池出水拦截网的清洗频次；如果采取以上措施不能有效控制浮游生物［桡足类（剑水蚤）］，应对污染严重的活性炭滤池进行停产，防止泄漏。

药剂浸泡方式　　　　　　　　　　　　　　　　　　表 2-12

药剂名称	上限浓度（mg/L）	最低接触时间（min）
氯	3.0	90
二氧化氯	1.2	45
次氯酸钠	3.0(有效氯)	90
氯氨	3.0	90

注：用氨水浸泡活性炭滤池时，应控制 pH 大于或等于 10。

2. 活性炭滤池出水微生物泄漏

主要原因：当炭层上的微生物大量脱落进入水体中，导致活性炭滤池出水中微生物异常上升，超过水厂正常消毒能力时，可能引发饮用水的微生物风险，特别是在高水温情况下，存在较高的微生物泄漏风险。

措施：（1）加强活性炭滤池出水生物量检测；（2）控制活性炭滤池出水浊度，以及出水颗粒物数量，尤其是 5μm 以下颗粒物数量；（3）优化活性炭滤池反冲洗周期和强度，采取加氯间歇反冲洗；（4）出水强化消毒；（5）采用含氯水浸泡活性炭滤池；（6）增加超滤或纳滤处理。

3. 活性炭滤池出水 pH 升高或衰减

主要原因：活性炭滤池投入运行时，由于活性炭滤料制作工艺的影响，初始出水 pH 偏高；在运行过程中，其出水会出现 pH 大幅度下降现象，pH 降低主要由两方面原因引起：一是原水的碳酸盐碱度偏低，导致水的 pH 缓冲能力较低；二是工艺过程中的酸度增加，酸度来源主要有二氧化碳、硝化作用、活性炭自身特性和水中残余有机物等几个方面。

措施：（1）运行初期出水 pH 一般高于 9.0，通常应先浸泡炭层 24h 以上，然后反冲洗，重复 3 次以上，检测反冲洗出水 pH，当 pH 低于 8.5 时，启动运行。（2）正常运行期间，活性炭滤池出水 pH 降幅过大，可先通过炭前加碱，即在沉后或砂滤后投加氢氧化钠，对活性炭滤料进行原位改性，增加其含氧官能团数量，提高活性炭滤池出水 pH 平衡点。（3）在活性炭滤池后投加石灰澄清液或氢氧化钠溶液提高炭滤后 pH。

4. 活性炭滤池出水铝升高

主要原因：活性炭滤池投入运行时，由于活性炭滤料制作工艺的影响，初始出水铝偏高。

措施：活性炭滤池运行初期宜采用浸泡法或稀释法减小铝升高的影响。

5. 活性炭滤池过水能力下降

主要原因：（1）活性炭滤料强度大幅度降低：活性炭滤池炭粉增多，滤料间黏度和阻力增大，水头损失增加。应检查活性炭滤池反冲洗频率是否合适、强度是否偏大、气冲时间是否偏长、滤前水含余氯值等。（2）滤头堵塞：滤料反冲洗不足。（3）水质指标异常：臭和味、浊度、颗粒物、pH 等指标异常。

措施：针对以上原因应采取调整反冲洗参数、更换活性炭滤料、清洗或更换滤头、控制进水水质等相应措施加以解决。

6. 活性炭滤池出水 AOC 增加

主要原因：AOC 是饮用水臭氧化工艺带来的新问题，臭氧化作用可提高水中有机物的可生化性，增加了水中 AOC 的浓度。

措施：（1）新活性炭由于生物量少，对 AOC 的去除效果较差，在更换新活性炭时，可采取逐步更换的方式。（2）优化活性炭滤池的运行参数，进行合理的反冲洗，反冲洗水不宜含氯，反冲洗方式不宜选用气水联合反冲洗。（3）采用高级氧化：加过氧化氢（O_3/H_2O_2）。（4）初滤水排放。

第3章　其他深度处理组合工艺

3.1　高级氧化组合工艺

3.1.1　常见高级氧化工艺

与传统深度处理方法相比,高级氧化法具有氧化能力更强、无选择性、反应速度更快、氧化彻底等优势,在去除饮用水中的难降解有机物、痕量污染物、嗅味物质等方面有出色表现。在高级氧化技术中,常见的工艺包括:O_3/H_2O_2、UV/O_3、UV/H_2O_2、UV/TiO_2、芬顿(Fe/H_2O_2)反应等。根据反应的基本原理、工艺条件以及对上述工艺的主要优缺点进行分析比较,形成常见高级氧化(AOPs)工艺的主要优缺点,见表3-1,其中,排位越靠前,表示该工艺越被推荐使用。

常见高级氧化(AOPs)工艺主要优缺点比较　　　　　　　　　表3-1

工艺类型	优势	劣势	应用场景
UV/H_2O_2	H_2O_2 相当稳定,可在使用前在现场长期贮存	1. H_2O_2 的紫外线吸收特性较差,如果水基体吸收大量的紫外线光能,则大部分输入到反应器中的光能将被浪费; 2. 需要专为紫外线照射而设计特殊的反应器; 3. 必须去除剩余的 H_2O_2	饮用水处理(商业化)
O_3/H_2O_2	1. 可以处理紫外线透射不良的水体; 2. 不需要为紫外线照射设计特殊的反应器	1. 挥发性有机物将从臭氧接触器中逸出; 2. O_3 的制备费用高且效率低; 3. 必须清除臭氧接触池尾气中的气态臭氧; 4. 难以确定合适的 O_3/H_2O_2 剂量比; 5. 低 pH 不利于发挥高级氧化的作用	饮用水处理(商业化)
UV/TiO_2	用近紫外光激活,因此,可以实现更大的透光率	1. 可能发生催化剂的污染和失活; 2. 当用作浆料时,TiO_2 必须回收	未商业化
UV/O_3	1. 无需保持 O_3/H_2O_2 的精确剂量; 2. 残留氧化剂会迅速降解(O_3 的半衰期通常约为 7min); 3. 在 254nm 的紫外波长下,臭氧吸收的紫外线同比同等剂量的过氧化氢多 200 倍	1. 必须使用 O_3 和 UV 反应生成的 H_2O_2 来生成·OH,与直接添加 H_2O_2 相比,使用 O_3 生成 H_2O_2 的效率非常低; 2. 需要专为紫外线照射而设计特殊的反应器; 3. 必须清除尾气中的臭氧; 4. 挥发性有机物将从过程中逸出	未商业化

续表

工艺类型	优势	劣势	应用场景
芬顿 （Fe/H$_2$O$_2$） 反应	1. 一些地下水可能含有足够高的铁浓度，可以推动芬顿的反应； 2. 该技术流程可商业化	工艺要求低 pH	污废水处理 （已商业化）

UV/H$_2$O$_2$ 和 O$_3$/H$_2$O$_2$ 工艺在商业化的进程中已经有了初步尝试且具有良好的处理效果，因此本章将对这两种工艺及实际应用进行重点介绍。

3.1.2　UV/H$_2$O$_2$ 与活性炭组合工艺

UV/H$_2$O$_2$ 高级氧化工艺常与活性炭联合，形成 UV/H$_2$O$_2$＋活性炭组合工艺。其作用主要有三点：一是提高有机物的去除率。H$_2$O$_2$ 在 UV 的作用下产生强氧化剂·OH后，原水中有机物的分子量和化学性质发生了改变：大分子有机物分解成小分子有机物，不易被吸附的有机物降解成容易被吸附的有机物，难以被生物利用的有机物变成可生物降解的有机物，有利于充分发挥活性炭环节对有机物的去除。二是为了消除 H$_2$O$_2$ 投加量过多的影响，需要在 UV/H$_2$O$_2$ 后增加 H$_2$O$_2$ 的消除装置。在 UV 反应器后增加颗粒活性炭（GAC）接触池，以去除残留的 H$_2$O$_2$，强化除嗅除味效果。三是减少消毒副产物的产生。组合工艺具有灭活微生物的作用，可以减少后续氯消毒剂的投加量。同时，组合工艺还可有效去除原水中的腐殖酸、富里酸等消毒副产物前体物，使消毒副产物大幅度减少。

活性炭的形式一般有粉末活性炭（PAC）和颗粒活性炭（GAC）。通常 PAC 适合单次使用。GAC 可以反复使用，效率更高，处理单位体积饮用水所需的 GAC 的量远小于PAC。因此，在生产中，UV/H$_2$O$_2$ 一般与 GAC 接触反应池组合应用。

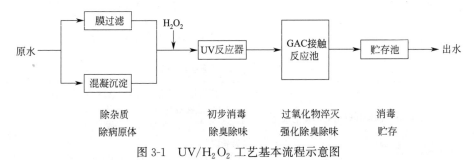

图 3-1　UV/H$_2$O$_2$ 工艺基本流程示意图

如图 3-1 所示，原水经过饮用水传统工艺（如混凝—沉淀—过滤（常规）工艺、膜过滤工艺）处理后，原水中大量的杂质和病原体被去除。为了保障或提升饮用水安全，传统工艺无法去除的小分子污染物或病原体，仍然需要进行深度处理。在 UV/H$_2$O$_2$ 工艺中，向经过传统工艺处理后的水中投加 H$_2$O$_2$ 并混合均匀，再进入 UV 反应器。在反应器内，紫外光和 H$_2$O$_2$ 共同作用产生强氧化性的·OH，可以对传统工艺无法处理的污染物和病原体进行有效去除。为了保证氧化效果，过氧化氢的实际投加量往往需要过量。由于高浓度的过氧化氢对人体有害，因此增加过氧化物的淬灭工序即 GAC 接触反应池。在活性炭的催化和吸附作用下，水中残留的过氧化氢发生歧化反应被无害化分解成水和氧气，水中剩余的嗅味物质被活性炭吸附，感官性质得到进一步提升。最后进行氯消毒，可以有效避免消毒副产物的产生，保证出水水质达到较高的饮用水标准。

1. 基本设计要求

UV/H_2O_2 工艺的基本反应包括自由基的引发、传播和终止反应，还包括目标有机化合物的氧化，碳酸氢根、碳酸根和 NOM 对羟基自由基的清除反应。因此，运行管理人员应从光源、基质对紫外光吸收强度、原水中 NOM、无机阴离子、pH、H_2O_2 投加浓度等方面考察对 UV/H_2O_2 工艺效果的影响。

（1）在进行 UV/H_2O_2 工艺设计时应该注意以下几个方面：

1）光源。UV 直接影响催化 H_2O_2 的效果，因此应对紫外光的主要技术指标（如紫外光强度、照射时间等）进行控制。考虑光能和光子穿透性，生产实践中一般选择的紫外光波长为 254nm。若原水经过常规一级、二级处理后，出水仍然存在铁盐等有色物质或紫外光吸收强的溶解性物质，则应对原水进行预处理，将上述影响紫外吸收效果的非目标物质去除，确保高级氧化环节紫外光穿透效果。

2）紫外光强度（剂量）与光照时间。①除有机溶剂。以 1,4-二恶烷为例（1,4-二恶烷溶解度很高，在水中非常稳定），若处理水量为 $1000\sim1500m^3/h$，初始浓度为 $0.001\sim0.003mg/m^3$（安全浓度：$0.00007mg/m^3$），则宜采用低压 UV/H_2O_2 技术。使用 Trojan UVPhoxTM D72AL75 反应器，处理后可以达到安全浓度值以下（浓度降低超过 2 个数量级单位）。②除嗅味物质。以土臭素和 2-MIB 为例，应保证紫外光的输出功率不低于 $15mJ/cm^2$。③消毒。去除水源水中的常见病毒，应采用 254nm 的紫外波长，照射时间不得小于 5min，紫外线剂量不得小于 $30mJ/cm^2$。对于 SARS、CoV、甲型流感病毒与呼吸道合胞病毒，紫外线强度不宜小于 $40mW/cm^2$，作用时间不应少于 2min。

3）H_2O_2 投加浓度。在一定范围内，随着 H_2O_2 初始浓度的增加，产生的·OH 浓度增加，反应速率和目标化合物的去除率提高。超过这一范围后，随着 H_2O_2 的增多，去除率往往出现下降。根据国内外水厂的运行经验，H_2O_2 的初始浓度一般在 $5\sim20mg/L$。原水中天然有机物含量较多时，应适当提高 H_2O_2 的浓度。

4）在实际生产中，UV/H_2O_2 工艺出水中 H_2O_2 浓度较高（超过人体正常摄入量）时，必须对出水中残留的 H_2O_2 进行控制。

5）天然有机物（NOM）的影响。原水中目标化合物以外的 NOM 对羟基自由基的淬灭作用会降低氧化效果，此外，NOM 对紫外光子有吸收作用，会降低紫外光的透过率。羟基自由基降解无机、有机物的反应速率如表 1-1 所示。原水中常见的 NOM 与·OH 的反应速率常数数量级一般在 $10^7\sim10^9L/(mol \cdot s)$，因此应充分考虑原水中 NOM 的影响。在确定工艺参数时，应对原水中长期存在的 NOM 的种类、浓度等情况提前进行调研。

6）无机阴离子的影响。水体中常见的 HCO_3^-、CO_3^{2-}、NO_3^-、Cl^- 等阴离子会与目标污染物竞争·OH，对反应具有抑制作用，影响从大到小依次为：$HCO_3^- > Cl^- > NO_3^- > CO_3^{2-}$。尽管上述阴离子与羟基自由基的反应速率偏低，在 $10^6\sim10^8L/(mol \cdot s)$ 之间，但是由于这些物质在天然水体中的浓度高，往往高出目标污染物几个数量级，因此，若要重点去除水中目标污染物，必须考虑无机阴离子的影响，必要时将浓度高的阴离子进行去除。

7）原水的 pH。H_2O_2 的氧化还原电位及在水中的存在形式受溶液初始 pH 影响较大。一般水体 pH 为中性偏酸时 TOC 去除率较高，若水基质中含有大量紫外吸光物质且难以去除时，可以适当提高反应的 pH。

（2）在进行 GAC 接触反应池设计时应注意以下几个方面：

1）GAC 的主要指标包括强度、孔隙率、吸附性能等，直接影响 GAC 的使用寿命、运行费用和出水水质。

2）GAC 应保证具有足够的机械强度、耐磨损。GAC 的主要指标中吸附性能最为关键。影响化合物吸附到活性炭上的特性与化合物在水中的溶解度和正辛醇/水的分配系数（$\log K_{ow}$）有关。通常，溶解度低和 $\log K_{ow}$ 高的化合物比较容易被吸附。GAC 的吸附性能在初期也可以用碘值、亚甲蓝值来表征。当碘值≤600mg/g 时，活性炭的吸附性能较差。但是，随着使用年限的增加，碘值、亚甲蓝值表征的可靠性/适用性逐渐降低。

3）GAC 空床接触时间（EBCT）通常为 5～30min。

4）根据国外水厂的运行数据，GAC 滤床的寿命一般可达约 6 年。国内水厂 GAC 在运行初期（运行 2 年内）以吸附为主，COD_{Mn} 去除率下降明显。中后期吸附作用减弱，逐渐转为生物降解作用，COD_{Mn} 去除率变化较小。

5）小试和中试规模的测试一致表明，GAC 对 H_2O_2 淬灭效果在初期显著，随着处理时间的增加逐渐衰减。淬灭效果的降低主要是由于 GAC 被天然有机物或天然水中的其他成分污染，而连续暴露于 H_2O_2 几乎没有影响。在实际应用中，对于在运行 6 年后使用情况仍较好的 GAC，无需更换。

6）在判断何时进行活性炭换炭或再生时，应综合考虑碘值、亚甲蓝值和 GAC 接触反应池出水水质指标作为活性炭运行的控制指标。当活性炭以吸附作用为主时，其失效指标以碘值为主；当活性炭以生物降解作用为主时，失效指标以 GAC 接触反应池出水特征水质指标为主，以活性炭本身的粒度、强度指标为辅。

2. 组合工艺的运行管理

组合工艺运行时应注意：

（1）根据具体情况确定 UV/H_2O_2 反应器合理的停留时间，一般为 10～20min。

（2）紫外灯管结垢影响紫外线的穿透力，不利于 H_2O_2 发生反应。水中的悬浮物可干扰、吸收紫外线，使其有效辐射量减少，影响消毒效果。进入 UV/H_2O_2 反应器的原水浊度应控制在 5NTU 以下。

（3）在选择 GAC 时，应先使用原水对活性炭进行静态吸附和动态穿透等试验，监测组合工艺出水的 COD_{Mn}、H_2O_2、微生物等指标。当上述指标出现异常并且影响出水水质时，应停运并查找原因。

（4）定期检测 GAC 接触反应池主要运行参数，包括活性炭床高度、滤速、反冲洗强度、膨胀率等，确定反应池的运行状态，必要时需对活性炭进行更换或再生。

（5）不宜频繁对 GAC 接触反应池进行反冲洗，具体的反冲洗周期应根据水头损失、滤后水浊度、微生物生长情况和运行时间确定。当 GAC 接触反应池出现活性炭表面板结、水头损失过大、反冲洗出水浊度高于控制值时，宜加大反冲洗强度、增加反冲洗频率或延长反冲洗时间保证反冲洗效果。

（6）当活性炭失效后，可根据具体情况采取全部更换成新活性炭或旧活性炭再生的方案，也可以考虑部分更换或再生的可行性。

3. 组合工艺设施设备的维护

（1）定期对组合工艺的设施设备进行检查保养，问题部位及时维修更换。

（2）定期对组合工艺的设施设备、构筑物进行清理，保持设施设备、构筑物的清洁。

4. 主要风险与管控

（1）H_2O_2 的制备与贮存。市面上常见的过氧化氢（双氧水）是无色透明液体，浓度为 30%～35%，具有腐蚀性。H_2O_2 性质活泼容易分解成氧气和水，应存放于塑料或不锈钢容器中，设置防尘的排气口，防止爆炸。置于阴凉通风处，防止阳光照射，远离可燃物、易燃物、金属粉末、还原剂等。为防止泄漏发生危险，应在贮存区设置应急处理设备。操作时佩戴橡胶手套，误触皮肤或眼睛应立即用大量清水冲洗。

（2）H_2O_2 投加量问题。H_2O_2 作为自由基的供体，如果投加量不足，反应不彻底，水中的目标污染物无法被有效去除。如果投加量过多，除了浪费药剂，出水中残余的 H_2O_2 超过安全标准还会损害人体健康。因此，首先应控制 H_2O_2 投加量在合理的范围（国内外水厂运行经验一般在 5～20mg/L）；其次，在 UV/H_2O_2 工艺后设置 H_2O_2 消除设施，如 GAC 接触反应池工艺；此外，除实时监控出水水质中的常规指标外，还应增加对 H_2O_2 浓度的检测，根据国外水厂经验，出水 H_2O_2 浓度一般控制在 0.1mg/L 以下。

（3）UV 剂量问题。UV 在组合工艺中既发挥激发 H_2O_2 产生·OH 的作用，又起到消毒作用。UV 剂量不足，无法激发产生足够的·OH，目标化合物难以被有效去除，消毒效果不佳。UV 剂量过剩则会使能源浪费，造成经济损失。根据国内外水厂的运行经验，UV 剂量从 $15mJ/cm^2$ 到 $500mJ/cm^2$ 不等，因此，必须预先对原水水质进行调研，根据原水水质的具体情况确定 UV 的剂量。考虑到兼具高级氧化、消毒、灭"两虫"的目的，UV 剂量可适当增加。

（4）GAC 接触反应池问题。GAC 是提高深度处理效果、淬灭剩余 H_2O_2 的重要环节。应重点关注 GAC 的状况，如是否破损、是否板结堵塞等。当出现微生物泄漏等问题时，可以选择高浓度臭氧水浸泡颗粒活性炭，反冲洗合格后方可再投入使用。当炭层出现凹陷、跑炭时，应立即停运并检查反应池结构、反冲洗工况等。根据经验，GAC 损失超过 10% 时，应补料至设计厚度。此外，每年应对滤层进行一次抽样检查，抽检率不应低于 20%。对活性炭碘值、强度、粒径等指标进行检测，防止粒度、强度不断减小导致的跑炭和堵塞现象。

（5）中间产物毒性问题。·OH 作为强氧化剂在理想情况下可以将绝大多数目标化合物彻底氧化，但是由于水中其他成分的干扰，反应过程中有些目标化合物只是被部分氧化，产生了毒性更高的中间产物。如何具体有效控制中间毒性产物的形成尚无明确定论。建议从 UV/H_2O_2 工艺影响因素着手，尽量保证高级氧化反应充分进行来实现。

5. 工艺应用特点

UV/H_2O_2 高级氧化技术虽然成熟，但是真正在饮用水处理行业的商业化应用仍然处于探索阶段。国外的加拿大罗恩公园水处理厂、国内的山东庆云双龙湖水厂是目前该技术为数不多的商业化项目，详细案例见第 4 章 4.2.4 节。

UV/H_2O_2 技术在深度处理过程中主要发挥除嗅味物质、消毒和除"两虫"的作用，其中，嗅味物质的高效去除是该工艺应用的关键条件。该工艺在案例中主要用于处理微污染、嗅味问题突出的水体。在运行中，UV 和 H_2O_2 的投加量和投加比例对处理效果有着重要的影响。根据国内外水厂的运行经验可知，UV 剂量从 $15mJ/cm^2$ 到 $500mJ/cm^2$ 不等，H_2O_2 的投加量通常在 5～20mg/L 之间，UV 和 H_2O_2 的投加比例差异较大。因此水厂应根据原水的水质特点以及想要实现的工艺目标（除嗅味物质、消毒或灭"两虫"）对原水进行预试验，获得对应的最优投加比例。

除此之外，为了保证残余 H_2O_2 的有效淬灭，确保出水的安全可靠性，使用 UV/H_2O_2 工艺的水厂往往都在 H_2O_2/UV 单元后设置 GAC 接触池。由于实际案例有限，现将搜集到的 GAC 接触池淬灭效果进行整理，见表 3-2。

H_2O_2/UV 高级氧化单元后 GAC 接触池实际案例比较 表 3-2

美国 Peter D. Binney 水处理厂	荷兰 Andijk 水处理厂	加拿大 Waterloo Greenbrook 水厂
滤床深度:1.8m(砂层深度:0.3m); 空床接触时间(EBCT):15min; H_2O_2 淬灭效果:运行 6 年期间可将 H_2O_2 浓度从 1～2mg/L 降至检测限以下	滤床深度:未知; 空床接触时间(EBCT):9min; H_2O_2 淬灭效果:可去除 15mg/L 的 H_2O_2。运行 6 年后,可将 H_2O_2 从 6mg/L 降至 0.1mg/L 以下	滤床深度:未知; 空床接触时间(EBCT):2～5min; H_2O_2 淬灭效果:可去除 5mg/L 的 H_2O_2

3.1.3 O_3/H_2O_2 与常规处理工艺组合

O_3/H_2O_2 是一种较为成熟的高级氧化技术，在国外一些大型饮用水厂已得到工程应用。通过往臭氧接触池中投加 H_2O_2，可显著提高·OH 的产生速度和浓度，净产量可以达到 1mol·OH/molO_3。使用 O_3/H_2O_2 技术对饮用水进行深度处理的主要目的有三点：去除水中的有机物以控制消毒副产物、去除土臭素和 2-甲基异莰醇等嗅味物质以及消毒。上述功能通过·OH 的间接氧化（主）和 O_3 的直接氧化（次）两种方式实现。

与只使用 O_3 相比，O_3/H_2O_2 具有以下几大优势：（1）在过氧化氢臭氧化阶段产生大量·OH，实现嗅味物质、大分子有机物高效降解，反应更快、更彻底；（2）提高水的可生物降解性，生物活性炭滤池环节对有机物的截留能力增强，出水中 TOC 含量降低；（3）在 H_2O_2 的作用下，气态 O_3 进入水中的迁移速率得到提高，提高反应效率；（4）达到相同污染物去除效果和消毒效果所需 O_3 投加量更低；（5）通过调节 H_2O_2 投加量、pH 等方式可以有效控制 O_3 的消毒副产物即溴酸盐。

1. 基本设计要求

以美国某采用 O_3/H_2O_2 技术的饮用水厂工艺流程为例，如图 3-2 所示。

为了控制溴酸盐的生成，可在原水进入臭氧接触反应池前适当降低 pH，也可在原水中投加适量氯胺；进入臭氧接触反应池后，O_3 和 H_2O_2 反应产生大量的·OH 将水中大部分有机物、嗅味物质降解，同时灭活水中的大部分微生物；臭氧接触反应池出水与混凝剂（如明矾、三价铁盐、高分子聚合物等）快速混合后，进行絮凝、沉淀、过滤等单元操作；滤后水再加入适量氢氧化钠调节至中性，选择氯胺（或自由氯）进行消毒，处理后进入清水池。

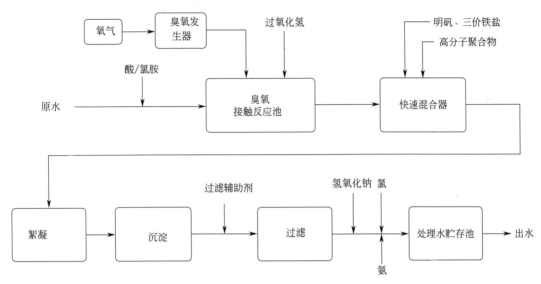

图 3-2　包含 O_3/H_2O_2 技术的饮用水处理工艺流程图

水质参数、O_3 的剂量、H_2O_2 与 O_3 的投加比例、反应接触时间等参数影响去除有机物和嗅味物质、消毒和控制消毒副产物的效果。因此，在进行工艺设计时应注意以下几点：

（1）水质参数中碱度和 pH 对 O_3/H_2O_2 的影响较大。1）碱度：水中的碳酸盐和碳酸氢盐在高 pH 时竞争·OH，不利于目标有机物的去除。当原水碱度过高影响处理效果时应进行预处理；2）pH：原水 pH 在 5~9 范围内时，低 pH 对溴酸盐的生成有抑制作用。国内中试试验表明，为防止臭氧接触反应池出水中溴酸盐量超过国家标准（0.01mg/L），臭氧化过程 pH 不宜超过 6.8~7.8。

（2）O_3 的剂量。在水厂运行前应对原水进行小试、中试试验，确定 O_3 的投加量。一方面，为了保证有机物和嗅味物质的充分去除，O_3 的剂量不得过低；另一方面，由于 O_3 的制备成本较高且反应中容易产生致癌的消毒副产物即溴酸盐，O_3 的剂量不能过高。根据运行经验，O_3 投加量一般控制在 2mg/L 为宜。

（3）H_2O_2 与 O_3 的投加比例。在水厂运行前应对原水进行小试、中试试验，确定 H_2O_2 与 O_3 的最优投加比例，一般不超过 0.3。根据国外水厂运行经验，以除嗅味作为主要目标时，O_3 投加量为 2mg/L，H_2O_2：$O_3 \leqslant 0.3$ 可使嗅味物质的去除率达到 80%~90%。当原水水质发生变化，嗅味物质激增时，通常的臭氧剂量（2mg/L）不足以完全去除这些嗅味物质，应保持 H_2O_2 与 O_3 的最优投加比例不变，提高 H_2O_2 和 O_3 的浓度。当原水中消耗·OH 的成分（如 NOM、碳酸根离子等）含量较多、溴离子（溴酸盐）含量较高或以去除溴酸盐为主要目的时，应适当提高 H_2O_2 的投加量，提高投加比例。

（4）H_2O_2 的剂量。根据 O_3 的剂量以及最优投加比例具体确定。在正常工况下 H_2O_2 的投加浓度范围在 0.1~0.6mg/L。

（5）H_2O_2 和 O_3 的投加顺序。由于 H_2O_2 与臭氧迅速反应生成羟基自由基，所以在加入 H_2O_2 之前，O_3 应充分溶解并发挥消毒作用。O_3 的投加点设在臭氧接触反应池前端，在臭氧消毒的 CT 值达到要求的位置加入 H_2O_2。当原水中嗅味物质很高时，为了发挥 O_3/H_2O_2 的氧化作用，在中后段同时增加适量的 O_3 和 H_2O_2。

（6）消毒。研究表明，当 H_2O_2：$O_3 = 0.2$ 时，$O_3 + H_2O_2$ 与单独使用 O_3 在灭活微生物和"两虫"方面效果是相当的，当 H_2O_2：O_3 较高时，消毒效果减弱。发挥消毒作用时，过氧化氢和臭氧的最佳投加比例不超过 0.3。在原水进入臭氧接触反应池之前投加氯胺可以有效控制臭氧化过程中溴酸盐的生成，投加浓度一般为 $0.5 \sim 1.0mg/L$。

（7）反应接触时间。由于溴酸盐的生成量与反应接触时间成正比，所以应尽量缩短反应接触时间。由 CT 值可知，若 O_3 投加浓度提高，反应接触时间可适当缩短。为了达到消毒目的同时减少溴酸盐生成，反应接触时间一般控制在 $6 \sim 12min$。

（8）滤池选择。经过过氧化氢臭氧化或单独臭氧化之后，水中可同化有机碳（AOC）浓度升高。因此，臭氧接触反应池前置时，可选择无烟煤/石英砂双层滤料滤池。

（9）二次消毒。采用氯胺进行二次消毒可以控制溴酸盐和三卤甲烷（THMs）的浓度。经过煤/砂滤池过滤后，水中仍然存在一定量的有机物。为了抑制溴酸盐的生成、防止出厂水中 AOC 浓度再次升高导致管网微生物增长，不应选择臭氧作为消毒剂；O_3/H_2O_2 本身不会形成卤代消毒副产物（DBPs）；然而，如果在原水中存在溴，或者如果将氯作为二次消毒剂添加，则可能形成包括溴酸盐在内的卤代 DBPs。此外，H_2O_2 的存在会影响氯的消毒效果，不宜选择自由氯单独作消毒剂。综合考虑选择氯胺（或氯和氨的混合物）作二次消毒剂，实现消毒和控制消毒副产物的双重目的。投加点设在清水池之前，浓度以满足管网末梢余氯浓度最低值为目标。

2. 运行管理和维护管理

（1）市面上的过氧化氢浓度在 $30\% \sim 35\%$，一般以桶或罐车散装方式运输。过氧化氢是强氧化剂，有腐蚀性，极端热或火灾的情况下容易爆炸。应在通风阴凉处保存并对储罐设置二次安全壳防止泄漏，避免与人员直接接触。在贮存区设置应急处理设备。操作时佩戴橡胶手套，误触皮肤或眼睛应立即用大量清水冲洗。

（2）为了保证过氧化氢的投加精度，采用计量泵投加过氧化氢以实现自动化、精确化控制。

（3）为了防止计量泵突发故障影响运行，备用泵应与常用泵切换使用。在计量泵周围留有足够的空间用于维修保养。

（4）臭氧现场制备。由于臭氧的剂量直接影响原水的处理效果，臭氧的生产和投加应根据水质情况采用自动系统进行控制。臭氧尾气处理后实时监测余臭氧浓度是否符合国家标准。

（5）双层滤料滤池定期进行反冲洗，反冲洗时应保证合理的反冲洗时间和反冲洗强度。$O_3 + H_2O_2$ 会提高原水中有机物的可生物降解性，在这种情况下，滤池水头损失增加较快，容易堵塞。根据滤池出水浊度、水头损失和微生物的生长情况及时调整。

3. 主要风险与管控

O_3/H_2O_2 技术的风险主要包括药剂的配制与投加、消毒副产物的产生、污染物的残留等，见表 3-3。

O_3/H_2O_2 技术主要风险与控制   表 3-3

风险识别	风险描述	风险点控制
臭氧制备、贮存与尾气排放	臭氧性质活泼,容易分解产生氧气	臭氧发生器附近不得存放易燃物,应远离明火,工作人员定期排查安全隐患
	超过一定浓度对人体和环境有害	臭氧尾气经过收集处理后排放浓度不超过 $0.2mg/m^3$
过氧化氢的贮存	过氧化氢性质活泼易分解、易变质	1. 存放于塑料或不锈钢容器中,设置二次安全壳防止泄漏; 2. 设置防尘的排气口; 3. 置于阴凉通风处,防止阳光照射,远离可燃物、易燃物、金属粉末、还原剂等
	有腐蚀性	1. 为防止泄漏发生危险,应在贮存区设置应急处理设备; 2. 操作时佩戴橡胶手套,误触皮肤或眼睛应立即用大量清水冲洗
	冰点比水低	如果环境温度过低,为储罐和外部管道提供保温外壳或安装电伴热
过氧化氢的投加	H_2O_2 是一种非常有效的脱氯剂。理论上,$0.10mg/L$ 的 H_2O_2 残留量可以减少 $0.20mg/L$ 的游离氯	必须准确地投加 H_2O_2,使过量的 H_2O_2 不会离开臭氧接触反应池,不进入絮凝、沉淀和过滤过程
	$H_2O_2+O_3$ 能增加原水的可生物降解性;滤后水中仍有一定量的有机物,不宜使用氯单独作二次消毒剂	对滤后水进行二次消毒,选择氯胺作二次消毒剂,或投加氯和氨的混合物
消毒副产物	原水中含有溴离子时,臭氧产生致癌性的消毒副产物溴酸盐	事前控制:1. 降低 pH(原水碱度高时不适用);2. 投加 NH_3(抑制溴酸盐的中间产物 HOBr)
		事中控制:1. 控制 O_3 的投加量,采用原水中试试验确定的最优投加比例;2. 将臭氧的投加方式由单点投加改为多点投加
		事后控制:1. 采用双层滤料滤池;2. 采用氯胺二次消毒
目标污染物	O_3/H_2O_2 对土臭素、2-甲基异莰醇等嗅味物质的去除效率普遍较高,但是对卡马西平、咖啡因、阿特拉津和磷酸三氯乙酯(TCEP)等新型污染物的去除效果有限	一般来说,在臭氧化过程中添加 H_2O_2 可增强新型污染物的去除
	在臭氧接触反应池前投加氯胺可以有效降低溴酸盐的形成,但是氯胺的投加会导致对嗅味物质的去除能力降低	嗅味物质含量升高时,除了增加氯胺投加量,还可以考虑降低 pH(国内外经验值 6.8~7.8)以控制溴酸盐

4. 工艺应用特点

目前，O_3/H_2O_2 高级氧化工艺应用于饮用水厂的实际案例较少，根据美国大都会水处理集团（Metropolitan Water District of Southern California）的水厂运行经验（见第 4 章 4.2.4 节案例五），在 O_3 投加量为 2mg/L 的情况下，H_2O_2 与 O_3 投加量的比值≤0.3 时，O_3/H_2O_2 工艺对嗅味物质的去除率可以达到 80%～90%，同时，在不影响消毒效果的情况下，消毒副产物可以得到有效控制。在案例中，O_3/H_2O_2 的反应单元设在常规处理工艺前，由于 H_2O_2 容易和自由氯反应，因此必须精准控制 H_2O_2 的投加量，避免残余 H_2O_2 在消毒环节消耗自由氯，在设计时往往采用分腔室、多点投加的方式实现准确控制。

3.2 活性炭-超滤组合工艺

3.2.1 活性炭与超滤的工艺组合顺序

活性炭与超滤联用，各自工艺优势的发挥虽然与其运行条件有直接关系，同时，两者的组合顺序也应考虑。活性炭技术可以有效去除水中的有机物、浊度、色度、臭和味、藻毒素等有害物质，提高了供水的化学安全性，但是活性炭中易滋生丰富的微生物群落，导致产水细菌和浮游动物的增加，并与细小的活性炭粒一同流出，供水的生物安全性大大降低。而超滤工艺在浊度及微生物控制方面更是有极高的安全保障性，出水水质非常稳定。因此，一般将超滤放在活性炭滤池之后。例如，深圳市盐田区沙头角水厂。该厂始建于 1994 年，设计供水能力 4 万 m^3/d，原采用机械混合—穿孔旋流絮凝—斜管沉淀—石英砂过滤—次氯酸钠消毒的常规处理工艺，2014 年该水厂进行了全面的升级改造，将原有石英砂滤池改造成活性炭滤池，并在活性炭滤池后增加超滤系统，形成了活性炭-超滤联用的深度处理工艺，工艺流程如图 3-3 所示。

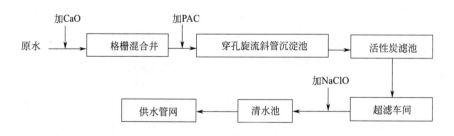

图 3-3　深圳沙头角水厂工艺流程图

通过对水厂各工艺段的浊度、微生物等水质指标长期跟踪检测发现，活性炭滤池出水浊度受沉后水影响较大，其变化趋势与沉后水浊度变化趋势基本一致，浊度在 0.14～1.57NTU 之间。超滤膜出水浊度基本不受进水浊度变化影响，稳定在 0.07～0.1NTU 之间。而剑水蚤等微生物穿透活性炭滤池的现象较为常见，特别是使用正坑水库原水时，活性炭滤池出水中剑水蚤密度最高达到 114 个/100L。超滤工艺出水中剑水蚤数量一直保持在 0 个/100L，如图 3-4、图 3-5 所示。

将超滤放在活性炭滤池之前的工程应用较为少见。韩宏大提到美国亚利桑那州的

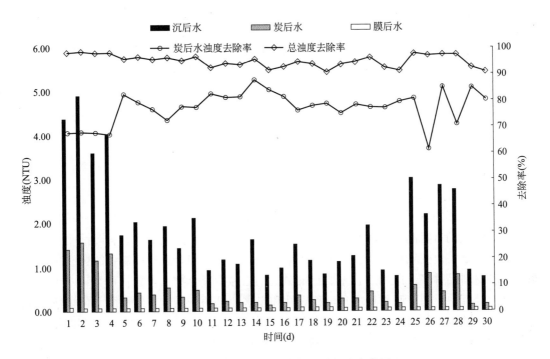

图 3-4　沙头角水厂各工艺段出水浊度变化图

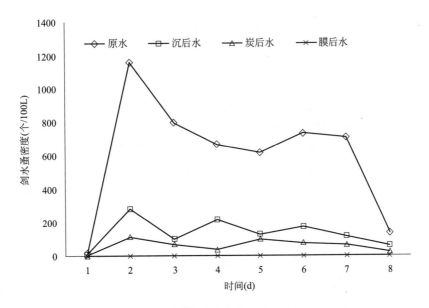

图 3-5　沙头角水厂各工艺段出水中剑水蚤密度变化（正坑水库原水）

Scottsdale 水厂选择了活性炭滤池后置的工艺，如图 3-6 所示。该水厂供水规模为 $11.4 \times 10^4 \mathrm{m}^3/\mathrm{d}$，主要解决的水质问题是嗅味、无机污染物砷和消毒副产物前体物。由于该水厂没有沉淀工艺，因此絮凝后的水直接进入超滤工艺，把颗粒活性炭工艺位于超滤之后，用于控制水中的嗅味。

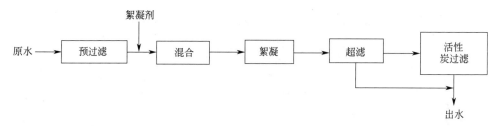

图 3-6 Scottsdale 水厂工艺流程图

3.2.2 超滤系统设计选型

1. 超滤膜的材质及结构形式选择

制作超滤膜的材料有很多种，目前市场上的主流超滤膜一般采用高分子材料制成。用于制备超滤膜的有机高分子材料来源主要有两个：一是由天然高分子材料改性而得，例如纤维素衍生物类、壳聚糖等；二是由有机单体经过高分子聚合反应而制备的合成高分子材料，这种材料品种多、应用广，主要有聚砜类、乙烯类聚合物、含氟材料类等。

在水处理中，超滤膜材质的化学稳定性和亲水性是两个最重要的性质。化学稳定性决定了材料在酸碱、氧化剂、微生物等作用下的寿命，它还直接关系到清洗可以采取的方法；亲水性则决定了膜材料对水中有机污染物的吸附程度，影响膜的过滤能力。一般认为，亲水性好的膜材料不容易被污堵。亲水性往往用接触角来衡量，如图 3-7 所示，接触角＞90°的膜为疏水膜；接触角＜90°的膜为亲水膜；接触角越小，膜就越亲水。但是，接触角测量技术受到膜表面性状（粗糙度、空隙率、孔径及其分布等）影响较大，因此，对膜亲水性评价还应结合其工程实际应用情况来综合判断。常见膜材质和性能特点见表 3-4。

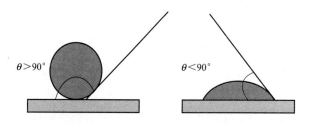

图 3-7 膜接触角示意图

部分主流超滤膜材质一览表　　　　　　　　　　　　　　表 3-4

序号	材质(英文缩写)	膜材质优缺点
1	聚砜(PS)	机械性能优良,尺寸稳定,有良好的化学稳定性,可耐酸、碱的腐蚀;缺点是耐气候性、耐紫外线较差,耐有机溶剂也不太好;不宜在沸水中长期使用
2	聚氯乙烯(PVC)	价格低廉、难燃、生产工艺成熟、耐微生物侵蚀、耐酸碱、化学稳定性好、优良的电绝缘性能和较高的机械强度等;缺点是热稳定性较差、受热易引起不同程度的降解
3	聚丙烯腈(PAN)	俗称"腈纶"。在150℃热处理时,机械性质变化不大,具有优良的耐光和耐气候性,不溶于醇、醚、酯、酮及油类等常用溶剂;缺点是耐碱性稍差,用稀碱处理会变黄,用浓碱处理会遭破坏

续表

序号	材质(英文缩写)	膜材质优缺点
4	聚丙烯(PP)	具有优良的耐热性、化学稳定性、加工性、电性能和机械性能;与大多数介质(强氧化剂除外)均不起作用;缺点是改性方法不同,材料质量差异较大,难以把控
5	聚醚砜(PES)	耐热性和加工性能均较好,耐化学药品性、稳定性类似于聚砜,除了浓硫酸、浓硝酸、强极性溶剂外,不受一般化学试剂侵蚀;缺点是耐紫外线性能较差
6	聚偏氟乙烯(PVDF)	具有突出的抗紫外线和耐气候老化特性,其耐辐照性能亦较突出,电性能优异,具有压电性和热电性;化学稳定性能良好,在室温下不被酸、碱、强氧化剂和卤素所腐蚀;缺点是膜的强度、耐压性较差
7	陶瓷膜(二氧化锆)	具有化学稳定性好,能耐酸、耐碱、耐有机溶剂;机械强度高,可反向冲洗;抗微生物能力强;耐高温;孔径分布窄、分离效率高等优点;缺点是造价较高、无机材料脆性大、弹性小,给膜的成型加工及组件装备带来一定的困难等

注:表中各材质按一般市场价格由低到高排名。

超滤膜组件有板框式、管式、卷式和中空纤维式四种。

(1) 板框式超滤膜组件由平板膜、支撑盘、间隔盘组成。三种部件相互交替、重叠、压紧。该结构形式的膜组件组装比较简单,可以简单地增加膜的层数以提高处理量;操作比较方便。缺点是零件太多,装填密度低,膜的机械强度要求较高。

(2) 管式超滤膜组件由管状膜、圆筒形支撑体、管束板、不锈钢外壳、端部密封组成。其优点是流动状态好,流速易控制;结构简单,容易清洗,安装、操作方便;耐高压,无死角,适宜于处理高黏度及固体含量较高的料液。缺点是装填密度较小,单位体积内有效膜面积小,建设成本较高。

(3) 卷式超滤膜组件是将两层膜三边封口,构成信封状膜袋,膜袋内填充多孔支撑层,一层膜袋衬一层隔网,从膜袋开口端开始绕多孔中心管卷绕而形成。其优点是结构紧凑,装填密度高;制作简单,安装、操作方便;适合低流速、低压下操作。缺点是制作工艺复杂,膜清洗困难。

(4) 中空纤维膜组件是将膜材料制成外径为 $80\sim400\mu m$、内径为 $40\sim100\mu m$ 的空心管,即中空纤维膜丝,而后将大量的中空纤维膜丝一端封死,另一端用环氧树脂浇注成管板,装在圆筒形压力容器中,就构成了中空纤维膜组件。其优点是结构紧凑,机械强度高,装填密度很大,是目前应用最多的膜组件结构。

2. 超滤膜系统形式

按照膜系统形式不同可分为压力式膜与浸没式膜两类。

(1) 压力式膜

压力式膜又分为外压式和内压式两大类,如图 3-8 所示。不同数量的压力式膜组件并联或串联即组成膜系统,如图 3-9 所示。内压式膜和外压式膜的区别在于进水方向、膜材质、抗污堵能力等几个方面,具体选择哪种压力式膜,主要根据膜的种类以及被处理的对象来定。

1) 进水方向

内压式膜是原液先进入膜丝内部,经压力差驱动,沿径向由内向外渗透过中空纤维成为透过液,浓缩液则留在膜丝的内部,由另一端流出;外压式膜则是原液在膜丝外侧,经

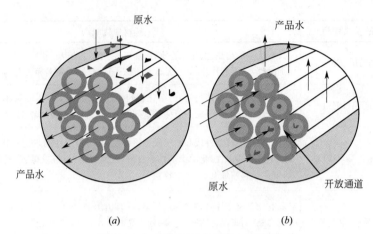

图 3-8　内（外）压式膜进水示意图

（a）外压式；（b）内压式

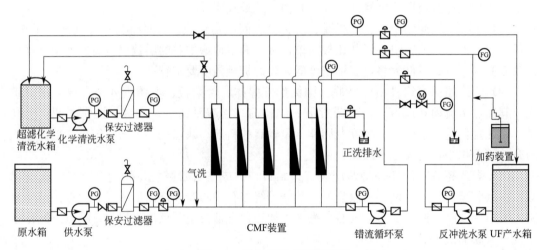

图 3-9　压力式膜工艺系统图

压力差驱动，沿径向由外向内渗透过中空纤维成为透过液，而截留的物质则汇集在膜丝的外部。

2）膜丝结构和材质

外压式膜又称复合膜，膜壁 2 层，有独立内壁支撑层不会被外部压力压坏；内压式膜没有独立内壁支撑层，虽然也可以外压过滤（膜组件的反冲洗就是），但必须比正常运行压力低 50%。外压式膜基本都采用聚偏氟乙烯（PVDF）膜材质，内压式膜基本采用以聚砜（PS）、聚醚砜（PES）为基础的膜材质。

3）抗污染能力

中空纤维的内径较小，一般都在 1mm 上下，所以内压式膜处理污染程度较高的原水容易发生内径堵塞。由于内径较小易堵塞，所以内压式膜的运行通量较低；内压式膜对自清洗过滤器的要求比外压式高。

4）冲洗方式

外压式膜一般采用空气辅助擦洗，内压式膜一般只采用水反冲洗，比气水联合清洗效果差, 反冲洗水量也大。

(2) 浸没式膜

浸没式膜组件包括固定在垂直或水平框架上的中空纤维膜、设在框架顶部和底部的透过液集水管。几个或几十个膜组件通过两个硬直角管将其集水管相连接, 同时将它们的位置固定, 形成一个膜箱。与传统的压力式膜相反, 浸没式膜是在较低的负压状态下运行使用, 利用虹吸或泵抽吸方式将水由外向内进行负压抽滤, 实现低膜压差, 如图 3-10 所示。

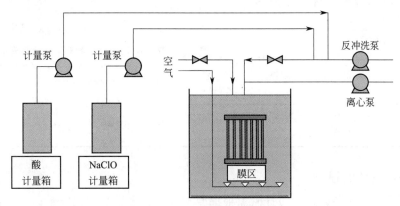

图 3-10 浸没式膜工艺系统图

压力式膜与浸没式膜在国内外都有广泛的使用, 均有各自的优缺点, 浸没式膜与压力式膜在性能方面的比较见表 3-5。

压力式膜与浸没式膜的比较 表 3-5

对比项目	压力式膜	浸没式膜
系统	密闭式系统设计	开放式系统设计
过滤方式	内压或外压式设计,直流和错流式过滤	外压式设计,直流式过滤
膜通量	内压式一般为 $40\sim60L/(m^2\cdot h)$,外压式一般为 $60\sim90L/(m^2\cdot h)$	一般为 $10\sim40L/(m^2\cdot h)$
膜材料	PES,PS,PVDF,PVC	PVDF,PVC
预处理要求	单根膜组件装填密度高,适用于水质较好的来水或与预处理工段结合	单根膜组件装填密度中等,适用于水质波动较大的来水
操作压力	采用压力过滤,可通过压力调节应对工艺波动或进水水质、水温变化等,一般控制跨膜压差$<0.3MPa$,能耗较高	采用虹吸或低压真空抽吸,一般为 $0.02\sim0.03MPa$,能耗较低
污堵情况	污染物易堆积在膜元件封装端,不采用气体擦洗时,较易发生膜堵塞	敞开式开发系统,鼓风气体擦洗,膜堵塞相对较轻
膜寿命与断丝率	视不同膜材料和制造方法确定,相对机械疲劳较少,断丝率较低,膜寿命一般	视不同膜材料和制造方法确定,由于采用强度较高的空气擦洗,断丝率相对较高,膜寿命一般
安装方式	安装在密封的压力容器内,由连接件及阀门连接	安装在开放的土建池或金属池内,由连接件及阀门连接

续表

对比项目	压力式膜	浸没式膜
设备构成	过滤器、膜架、膜壳等膜组件,进水泵,反冲洗泵,清洗系统等; 设备相对较少,系统更简洁	膜堆等膜组件、产水抽吸泵、反冲洗泵、擦洗风机、真空系统、排水系统、清洗系统等; 设备相对较多
超滤车间建设	占地面积较小,土建费用低	占地面积较大,需专门建膜池,建设周期较长,土建费用高
操作环境	卫生条件感官状况好,密闭系统,操作环境无化学品气味,操作条件好	敞开式系统,悬浮物和泡沫等易聚集在膜池表面,感官状况不佳,操作人员有暴露在酸、碱等有害物质的可能性,操作环境相对较差
运行费用	运行费用较高,主要原因是操作压力较大,动力费用高	运行费用较低

3.2.3 超滤系统的设计

超滤系统复杂设备繁多。设计时需根据原水水质和水量要求选定膜运行方式、工作参数、膜组件数量等;根据厂房环境合理布局管路,做到配水均匀、流程短、能耗低,同时兼顾整洁美观;系统配套的水泵、风机及管材等因使用条件不同也有多种组合方式。因此,要求设计人员认真了解项目情况,加强与业主单位沟通,不断校核优化系统设计计算,既要考虑系统可靠性和备用量,又要考虑经济性和投资。必要时,通过中试试验获得关键设计参数。

1. 压力式超滤膜系统设计

由进水单元、超滤膜组件、反冲洗和回收单元、化学清洗及废水中和单元、压缩空气单元及在线监测仪表组成。

(1) 进水单元

活性炭滤池出水进入膜车间原水调节池,通过离心泵输送至超滤膜组件,确保水量和水压达到超滤生产要求,一般所选水泵的扬程和流量应等于或略大于设计供水量和工作压力,并采用变频调节控制以满足超滤系统的正常运行;另外,进膜前应设置保安过滤器,用于滤除水中的细小物质,如微小活性炭颗粒等,以确保水质过滤精度及保护膜过滤元件不受大颗粒物质的损坏。

(2) 超滤膜组件

表征超滤膜组件的性能通常采用三个参数:水通量(透水速率)、产水品质和跨膜压差。

超滤膜的水通量是指单位时间内单位膜面积的产水量,单位多用 $L/(m^2 \cdot h)$ 表示。为确保去除水中的贾第鞭毛虫、隐孢子虫等病原微生物,超滤工艺产水水质出水浊度宜小于 0.1NTU,水中粒径小于 $2\mu m$ 的颗粒数宜不超过 20 个/mL。

根据进水水质、进水温度和进水压力等确定超滤膜组件最佳运行通量,相关参考见表 3-6。

不同进水条件下膜通量选择参考表　　　表 3-6

进水条件			透水速率	反冲洗间隔	最低气洗频率	化学分散清洗
进水类型	浊度(NTU)	TOC(mg/L)	[L/(m²·h)]	(min)	(次/d)	
地下水	<2	<1	90	60	1	不推荐
地表水(自来水)	<3	<2	75	60	2	可选用
地表水(经砂滤)	2~5	<2	75	60	2	可选用
地表水	5~15	<5	60	40	3	可选用
地表水	15~50	<10	45	20	4	推荐
海水	<20	—	60	30	4	可选用
深度处理废水	0~5	<40	40	20	6	推荐

注：表中数据仅供估算。

注意，由于液体的黏度会随温度发生变化，因此对于任何超滤膜组件，在任意工作压力下，其过滤流量或跨膜压差都会随温度而呈较大幅度的变化。设计时，应依据供应商提供的产品膜水通量-温度变化曲线进行校正优化。在正常水温条件下，膜处理系统的产水量应达到设计规模；在最低水温条件下，膜处理系统的产水量可低于设计规模，但应满足实际供水量要求。

1）超滤系统产水量平衡计算步骤

① 根据水质状况选择反冲洗、正洗时间间隔。

② 计算每天所需气洗、反冲洗次数和总时间，从而计算出每天实际产水量时间。

③ 根据用户要求的产水量计算出每天超滤的总产水量。

④ 确定每天反冲洗用水的消耗量。

⑤ 计算出每小时需要超滤的总产水量。

2）膜组件数量的计算

①根据膜面积和平均水通量计算出单支超滤膜的产水量。

设计膜面积可按以下公式计算：

$$A = \frac{Q}{q \times L_h} \tag{3-1}$$

式中　A——设计膜面积，m^2；

　　　Q——设计产水量，L/h；

　　　q——设计水通量，$L/(m^2 \cdot h)$；

　　　L_h——回收率，％。

②用超滤的总产水量除以单支超滤膜的产水量，计算出超滤膜的用量，膜组件数量考虑扩展余量。

③为了方便运行和维护，应合理分配超滤膜堆数量。

④超滤输水泵选择：根据回收率来确定超滤输水泵的流量，根据最大跨膜压差和管路、过滤器压力损失及可能产生的背压来选择超滤输水泵的扬程（如果采用恒流设计，此泵需要以变频器来控制）。

⑤回收率：也叫产水率，是膜系统产水量与进水量的比值。从经济性考虑，超滤膜组件产水率应达到 90%~96%。

（3）反冲洗和回收单元

超滤系统需要定期进行反冲洗，反冲洗系统包括反冲洗水箱、反冲洗水泵及消毒加药装置。为避免在产水侧对膜产生污染和杂质对膜孔堵塞，一般采用超滤产水作为反冲洗水，可以不另设单独的反冲洗水箱，而采用超滤的产水箱。

反冲洗水泵参数可以按以下选取：

1）流量：膜组件反冲洗通量可以按 $100 \sim 150 L/(m^2 \cdot h)$，折合成膜组件流量后乘以单套装置组件数量即可。

2）扬程：考虑管路损失，在满足流量要求的前提下，一般设计进超滤压力在 0.2MPa。

3）泵的过流材质应为不锈钢。

为抑制膜组件内生物滋生，可以单独设置该加药装置。加药有两种方式：一种是在进水中连续加入 $1 \sim 5mg/L$ 的 NaClO 或冲击性加入 $10 \sim 15mg/L$ 的 NaClO，每次持续 $30 \sim 60min$，每天一次；另一种是在反冲洗水中加入 $10 \sim 15mg/L$ 的 NaClO。NaClO 加药装置含以下设备：

1）加药箱：一般按 1d 以上的药品贮存量。加药箱配低液位开关，低液位报警并停计量泵。

2）计量泵：按加入反冲洗水中 NaClO 浓度为 $10 \sim 15mg/L$ 或按进水中加入 $1 \sim 5mg/L$ 浓度来确定计量泵的流量，压力大于投加点压力。

对于水质比较差的原水，建议在系统运行过程中增加化学分散清洗。根据水质情况选择酸洗或碱洗装置之一，或者二者均选用；化学清洗系统包括清洗溶液箱、清洗水泵及清洗过滤器。只有当常规反冲洗步骤反复多次或化学加强反冲洗后不能恢复膜正常过滤效果时，如标准化跨膜压差比初始运行压力上升了 0.1MPa，或者标准化产水量下降了 25%~35% 等，应采用化学清洗彻底恢复超滤膜的性能。

正常的膜反冲洗废水应通过回收池及回收泵收集至原水进水端重复使用，化学反冲洗废水则应回收至中和池处理，在确认水质合格后方可排放。

（4）其他辅助设备

1）控制系统：采用 PLC 自动控制或就地手动操作，现场控制柜上一般还设有自动阀门的开关及指示灯等。

2）手动阀门和自动控制阀门：为了实现对系统水路通断、流量大小以及水路流向的切换，在系统管路上设置的阀门。手动阀门包括球阀、蝶阀、截止阀、调节阀、闸阀、减压阀等；自动控制阀门包括电磁阀、气动蝶阀、电动阀等。

3）监控仪表：用于监控系统各种运行参数的仪表，如压力表、流量计、浊度计、液位计、压力开关等。

2. 浸没式超滤膜系统设计

浸没式超滤膜系统由进水系统、膜箱、膜池、水泵设备系统、化学清洗系统、空气动力系统等组成。

（1）进水系统

应考虑前端工艺水质及超滤系统进水要求。如是管道进水应设置保安过滤器，用于滤除水中的细小物质，如微小活性炭颗粒等，以确保水质过滤精度及保护膜过滤元件不受大颗粒物质的损坏；应由调节阀控制进入各膜池的流量，实现均匀进水。

（2）膜箱

膜箱是将浸没式膜组件放在标准膜框架中，并配套产水支管、曝气管、安装导轨等附件形成完整的超滤膜单元。浸没式膜组件的数量依据生产规模、运行水通量、回收率等参数计算确定，参见压力式超滤膜系统设计；膜框架、产水管道宜采用不锈钢材质，曝气管可选用 ABS 材质，防止腐蚀。

（3）膜池

对于已达到设计负荷的老水厂改造，建议膜池膜组一次性配置并适当留有余量；对于新建膜水厂宜结合供水规划预留今后扩容空间；为方便操作，可就近设置清洗池，用于膜箱离线化学清洗，包括碱洗池、漂洗池和酸洗池等；膜池应当做适当密封处理，既可防止膜池内藻类繁殖，减少膜池内蚊虫滋生，又可防止杂物落入膜池，同时保持膜池美观；膜池盖板选择耐腐蚀性能好的轻质盖板，如塑料板、玻璃钢板等并与化学清洗曝气废气排放综合设计；膜池内壁应考虑防腐设计，内涂符合饮用水卫生标准的防腐涂料。

（4）水泵设备系统

膜系统采用泵抽吸产水，每个膜池对应 1 台产水泵，应采用变频调速控制产水流量。为了保持合理的跨膜压差，一般膜池运行 1～2h 需进行 3～5min 的物理清洗（反冲洗和曝气），气冲强度可设定为 40～60L/(m^2·h)，水冲强度可设定为 50～60L/(m^2·h)，实际运行中可结合跨膜压差上升变化情况调整优化。物理清洗系统由反冲洗水池、反冲洗水泵、鼓风机及其仪表、管路、阀门等配套设备组成。

（5）化学清洗系统

化学清洗分为在线维护清洗和离线化学清洗。化学清洗系统由化学药剂储罐、加药装置、清洗循环装置、计量仪器以及配套管路、阀门和控制系统组成。

在线维护清洗是一种低浓度化学清洗方法，用来恢复膜的水通量，降低离线化学清洗频率。清洗周期为 5～14d，将 200mg/L 有效氯的次氯酸钠溶液加入产水母管，浸泡 30min，同时曝气；在浸泡完成后加入亚硫酸钠溶液脱氯，在检测余氯达标后方可排放。

离线化学清洗是一种当膜通量低于正常运行范围时的强度更高的清洗方式。清洗周期为 4～6 个月。清洗时，需将膜箱吊起分别放入碱洗池和酸洗池中进行 6h 循环曝气浸泡清洗，碱洗用的是 0.5％的氢氧化钠和 1000mg/L 的次氯酸钠混合液，酸洗用的是 0.5％的盐酸或 2％的柠檬酸溶液。浸泡完成后，膜箱还需在碱洗池进行清水清洗、脱氯处理，直至出水 pH 和 COD_{Mn} 等指标合格，方能使用。

（6）空气动力系统

包括储气罐、空气压缩机、过滤器、冷冻式干燥机、减压阀、安全阀、压力计以及空气管路等。空气压缩机、冷冻式干燥机等核心设备宜设计 1 用 1 备。

（7）中和系统

包括中和池、排水泵、酸碱加药泵、还原剂加药泵及 pH 计等。中和池的作用是收纳超滤膜化学清洗废水，并用亚硫酸钠、盐酸和氢氧化钠等药剂中和，故容积宜设计充分，一般按可容纳 2～3 格膜池化学清洗废水设计。

3.2.4　活性炭-超滤工艺的运行管理

1. 活性炭滤池管理

（1）加强活性炭滤池初滤水管理

初滤水指从反冲洗完成到活性炭滤池过滤性能恢复期间，从滤池排出的过滤水。初滤水中的颗粒数（>2μm）高达 6000 个/mL，过滤成熟期（3～5h）后，颗粒数可以降低到 50 个/mL，甚至更低。因此要加强初滤水管理。

（2）控制活性炭滤池出水 pH

不同活性炭吸附性能有一定差异，在活性炭滤池运行初期，会出现 pH 显著升高现象。为了解决这个问题，可采用连续浸泡法、间歇浸泡法、稀释法等。

随着运行时间的延长，活性炭滤池出水 pH 逐渐降低，降低约 1～2 单位 pH，可以通过调节出厂水 pH、抑制微生物生长以及增加水质化学稳定性等途径加以解决。

（3）活性炭滤池应经常进行气洗、水洗，反冲洗强度与周期应根据原水水质、水头损失、净化效果及微生物滋生等情况进行调整。

2. 压力式超滤系统的日常管理

（1）系统启动

超滤启动时，建议进行 2～3min 的正洗来除去膜组件里残留的化学物质及空气。超滤系统启动或关闭时，应结合实际产水量要求渐次投入或关闭水泵机组和膜组件，尽量降低压力变化对管路及设备阀门的冲击。

（2）系统停运保护

膜系统短期停运指停运时间少于 7d 的情况，超滤系统需先反冲洗 2min 后，再用 20mg/L 的 NaClO 加药清洗，一直浸泡直到运行；下次开机前，用反冲洗装置进行 3min 水洗后转入正常运行。

膜系统中长期停运指停机时间超过 7d 的情况，可以使用 0.5% 的亚硫酸氢钠（NaHSO$_3$，AR）溶液浸泡；使用临时加药管、提升泵和水箱，用超滤产水配制 0.5% 的 NaHSO$_3$ 溶液，下次开机前，先用水反冲洗 3min，再用 200mg/L 的 NaClO 加药清洗，浸泡 10min 后，再用水反冲洗 3min 后转入正常运行。

（3）系统运行

超滤的运行有全流过滤（死端过滤）和错流过滤两种模式。全流过滤时，进水全部透过膜表面成为产品水；而错流过滤时，部分进水透过膜表面成为产品水，另一部分则夹带杂质排出成为浓水。全流过滤能耗低，操作压力低，因而运行成本更低；而错流过滤则能处理悬浮物含量更高的流体，如图 3-11 所示。自来水生产一般采用全流过滤模式，系统日常运行应注意以下问题。

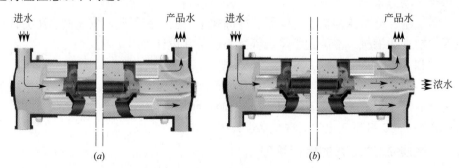

图 3-11　超滤运行方式

（a）全流过滤；（b）错流过滤

1）宜通过加强预氧化和强化混凝等手段在工艺前端尽量去除原水中的藻类及其衍生物，减少后续工艺负荷，超滤膜进水浊度宜控制在 5NTU 以下，pH 控制在 6.5～8.5。

2）为了防止瞬间压力和进水量骤变对超滤膜造成冲击，生产水量变化时，超滤系统进水泵机组应平缓启动或关闭，膜组件应分组投入或退出。

3）超滤单元运行期间应重点关注产水量、跨膜压差、浊度、颗粒数等指标，确保在控制范围内，并按时记录。

4）当发现超滤产水浊度大于 0.1NTU 时，应对超滤膜组件进行完整性测试（测试方法参见第 6 章 6.4 节），正常情况下宜每半年进行 1 次。根据测试结果对断裂膜丝进行封堵修复，膜组件断丝率超过 3‰时，宜更换膜组件。

5）超滤装置运行期间每隔 30～60min 应进行物理冲洗消毒，一般分正洗、反冲洗、气洗等几个步骤，具体周期及冲洗强度可根据生产及水质情况优化调整。但发现超滤单元跨膜压差快速升高或跨膜压差累计升幅超过 0.1MPa 时，应迅速通过缩短反冲洗时间和加大反冲洗消毒剂的含量等手段予以恢复。

6）水的黏度会随温度的下降而上升，因此超滤膜透水性能的发挥与温度高低有直接关系，一般温度每升高 1℃，透水速率约相应增加 2%。对于任何超滤膜组件，应考虑温度变化对膜过滤流量或跨膜压差的影响，在生产中及时调整制水量或膜组件数量，避免系统超负荷运行。图 3-12 某种超滤膜组件不同过滤通量下跨膜压差（TMP）随温度的校正系数曲线。图中以液体温度 25℃为基准，设定校正系数为 1；实际跨膜压差＝基准跨膜压差×校正系数。

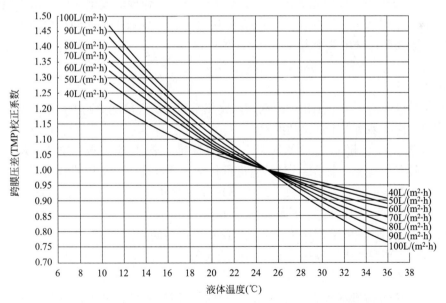

图 3-12　超滤膜组件不同过滤通量下温度校正系数曲线

7）膜运行半年至一年后，累积的膜污染情况会导致系统性能下降，如产水量衰减、跨膜压差增加、药耗量增加等，需要对系统进行化学清洗。超滤系统化学清洗包括化学强化反洗和化学循环清洗。

①化学强化反洗

判断依据：在通过常规气洗辅助反冲洗步骤无法除去所有污染物的情况下，进行化学强化反洗，其频率根据产生的污染物频繁情况而定。

所用化学试剂：根据原水水质可能产生的污染物进行选择，对于由原水中有机物及生物引起的膜污染，一般用碱性化学药剂进行清洗，包括 NaClO、NaOH 等；对于由原水中铁、铝的胶体或者硬度结垢造成的无机物膜污染，则选用酸性化学药剂进行清洗，包括 HCl、柠檬酸等。注意：所有化学清洗药剂均选择食品级。

运行过程：气洗—加入化学药剂反洗—浸泡—常规气洗辅助反洗。

运行注意事项：

a. 化学强化反洗开始前对 HCl、NaOH 和 NaClO 等药剂罐体、计量泵、管线、阀门进行确认，检查是否有跑、冒、滴、漏现象。检查计量泵是否送电及正反转，将加药泵切换至手动，再加入药剂。

b. 在进行化学强化反洗前，务必保证将绝大部分的污染物通过常规反冲洗从膜组件中除去。这样，化学强化反洗过程中的化学药剂才可直接作用到那些难以除去的污染物上。

c. 运行化学强化反洗需保证超滤系统至少有一套运行平稳，对超滤系统另一套快要运行到反冲洗的装置进行化学强化反洗，在超滤系统自动反冲洗完成后，对这一套超滤进行停机操作。

d. 酸洗、碱洗过程需注意系统不能憋压。酸洗过程用 pH 试纸测试出水酸性，确认达到浓度时先停超滤反冲洗泵，再停酸洗、碱洗计量泵。

e. 要保证整个膜组件中充满合适浓度的化学药剂和合理的浸泡时间。通常浸泡可持续 5～10min，若为使化学药剂与污染物充分接触，也可延长浸泡时间。浸泡后，要保证将所有的化学药剂冲洗出整个系统，至 pH 为中性以及出水清澈无悬浮物即可结束化学强化反洗。

②化学循环清洗

超滤化学循环清洗是指用化学药剂，以比化学强化反洗浸泡更高的浓度、更长的浸泡和循环时间，连续多次人工清洗超滤膜。

判断依据：可以超滤运行的跨膜压差为标准，若正常工况下的跨膜压差大于 0.08MPa（最大不超过 0.1MPa）时，应进行化学循环清洗；也可以清洗后超滤反洗压差为基础，当反洗压差超过 0.25MPa（最大不超过 0.3MPa）时，进行化学循环清洗。频率受给水水质的影响，可以从 3 个月到 6 个月不等。

所用化学试剂：一般使用比化学强化反洗浓度更高的化学药剂。

运行过程：罐内冲水—连接系统—加清洗剂循环—浸泡—排污及反洗。

运行注意事项：

a. 开始前需分析进水水质状况，以利于判断可能的污染物种类；将装置中的水排空再拆卸超滤膜，分析观察内部沉积的污染物种类，也可以做浸泡试验，以利于选择可能的有效清洗剂，膜重新安装后排水；先进行一次化学强化反洗，去除膜表面的部分污染物；确认超滤清洗箱水位及其正常排放能力。

b. 所有清洗剂都必须从超滤的进水侧进入膜组件，防止清洗剂中可能存在的杂质从致密过滤皮层的背面进入膜丝壁的内部。

c. 超滤装置进行化学清洗前都必须先进行充分的夹气反洗。

d. 超滤装置的整个化学清洗过程约需要 3~12h。

e. 如果清洗后超滤装置停机时间超过 3d，必须按照长时间关闭的要求进行维护。

f. 清洗液必须使用超滤产水或者更优质的水配制。

g. 清洗剂在循环进膜组件前必须除去其中可能存在的污染物。

h. 清洗液温度一般可控制在 30~35℃，最高不得超过 40℃，提高清洗液温度能够提高清洗的效果。

i. 必要时可采用多种清洗剂清洗，但清洗剂和杀菌剂不能对膜和组件材料造成损伤，且每次清洗后，应排尽清洗剂，用超滤产水将系统冲洗干净，才可再用另一种清洗剂清洗。

化学强化反洗和化学循环清洗工艺条件对比见表 3-7。

化学强化反洗和化学循环清洗工艺条件对比　　　　　　表 3-7

化学强化反洗	清洗依据	常规气洗辅助反冲洗步骤无法除去所有污染物时进行，可根据试验结果和实际运行情况进行优化
	浸泡时间	5~10min，视实际水源、污染程度和水温决定
	药剂	酸洗：0.1%HCl，pH=2（视具体水质情况可适当增减）； 碱洗：0.05%NaOH+0.1%NaOCl，pH=12（视具体水质情况可适当增减）
化学循环清洗	清洗依据	跨膜压差>0.08MPa（最大不超过 0.1MPa），或者标准化产水量下降 25%，或者反洗压差>0.25MPa（最大不超过 0.3MPa）时
	浸泡时间	60~90min（污染严重时可适当延长）
	药剂	酸洗：1%~2%柠檬酸或 1%~2%草酸或 0.2%HCl（pH=2）； 碱洗：0.1%NaOH+0.2%NaOCl（有效氯）（pH=12）
	清洗液温度	30~40℃（较高温度利于提高清洗效率）； 酸洗推荐温度：30~40℃；碱洗推荐温度：30~35℃ （更高温度可能造成膜不可逆的损伤，或者导致泄漏现象）

3. 浸没式超滤系统的日常管理

（1）系统初次启动及调试注意事项

1）确认空气管、清水管已正确连接；确认膜元件已固定好；确认膜组件放置的膜池内已清洗完毕；将清水（自来水或过滤水）放至运行水位。

2）先开启吹扫鼓风机，待吹扫鼓风机启动后，调节曝气量和观察曝气的均匀性；清水运行时可能会有泡沫产生。这种现象是由于膜中含有的保护液等物质导致的。一台吹扫鼓风机对多台膜组件送风时，应保证各个膜组件的送气量相同；如果有严重的不同，请调节膜组件的手动阀门，使送气量达到一致。

3）清水调试时，应了解控制设备的性能，按说明书的操作要求进行试运行。如出现水泵不能正常出水，应首先检查整个管道的阀门及接口是否有漏气等情况。

4）风机初次运行要按说明书要求进行是否需要加油的检查，在风机启动前应该注意各阀门的开启情况，如果阀门处于关闭状态，也会造成风机启动不正常。

5）PLC 自动控制的检查，液位开关控制范围的调整，线路接驳是否正确，动力柜各仪表参数是否正常等。

6）清水调试时，测定设计过滤水量（平时及最大、最小流量时）下的跨膜压差、水温，并进行记录保管。清水调试性能测试结束后，马上停止过滤和曝气。

（2）系统正常运行

建议采用恒流量过滤方式。

产水时出水管路中的吸引压力（负压）很低，一般在 $5\sim30$kPa，因此出水泵通常选择自吸泵，如系统较大时，需选择真空泵配合离心泵使用。在产水泵的出水侧设置流量传感器，通过变频控制流量，使出水泵的流量一定，进行恒流量过滤。

为了保证膜组件的稳定运行，宜实行以下日常检查。

1）跨膜压差。检查跨膜压差的稳定性。跨膜压差突然上升表明膜堵塞的发生，这可能是不正常的曝气状态或污泥性质恶化导致的。建议使用跨膜压力 $\leqslant0.05$MPa，过大的跨膜压差会引起膜不可逆污染。当这种情况发生时，检查参数并采取必要的行动，例如进行膜组件的化学清洗。

2）气洗状态。检查气洗空气量是否足够和均匀。发现气洗空气量异常、有明显的曝气不均匀时，请采取必要的措施，如除去气管的结垢、检查安装情况、检查鼓风机以及调整气冲强度等。

3）水温。正常的水温为 $5\sim40$℃。没有满足该条件的场合，可能会发生无法达到既定性能的情况，因此如有可能请采取冷却、保温等必要措施。

4）检查膜池的水位是否在正常范围内。膜池的水位以超过膜组件 $300\sim500$mm 为佳，不得低于膜组件。如发生异常时需检查液位计、透过水泵、膜元件膜间压差等。

4．活性炭-超滤工艺设施设备的维护

（1）日常检查维护

1）每天应检查活性炭滤池、阀门、冲洗设备（鼓风机、水泵等）、电气仪表及附属设备（空气压缩机等）的运行状况，包括但不限于轴承温度、运转声音、电流等。

2）检查泵的垫圈以及其他防止泵泄漏的结构，发现泄漏及时更换密封垫圈。

3）如使用空气作动力源，注意每天应排放空气压缩机空气储罐底部积水至少一次。

4）及时记录分析超滤系统冲洗消毒药剂贮量变化情况，评估超滤杀菌消毒系统是否正常。

5）日常注意检查管路各类阀门，看是否有漏水、漏气现象，自控阀门开关信号反馈装置是否正常。

6）检查空气压缩机出口压力值是否正常，冷却油位是否在规定范围内。

7）检查保安过滤器进出口压力差是否在 0.15MPa 以内，如超过应尝试强制冲洗。

8）检查超滤膜跨膜压差是否在 0.2MPa 以下。

9）观测膜装置在进行物理冲洗期间，出水透明管是否有大量气泡出现，如有应及时报告处理。

10）做好设备、环境的清洁工作。

（2）周期性维护

1）每年应对工艺系统各类仪表包括液位计、压力表、流量计等进行标定校验。

2）定期对活性炭滤池进行清洗，清洗时应去除池壁以及进水槽上的附着物，保持卫生整洁。

　　3）活性炭滤池每 2 年需放空检查不少于一次，检查时对滤池内的积泥及其他积累杂质进行必要的清洗，检查完成后恢复运行前需进行反冲洗。

　　4）活性炭滤池运行状态监测记录应符合下列规定：

　　①每季度测定一次活性炭滤池炭层高度、反冲洗强度、气冲强度等运行参数。

　　②每年测定一次活性炭滤料碘值、亚甲蓝值等指标，评估活性炭的吸附性能。

　　5）每半年或一年对系统中可调节阀门、开关阀门进行调校，补充阀门传动机构的润滑脂，紧固螺母、螺栓等连接件。

　　6）每年对系统就地控制柜接线端子进行 1～2 次紧固，及时更换声音异常电气元件。

　　7）每年应对消毒药剂投加计量泵进行标定校验。

　　8）超滤系统各类设备维护周期见第 6 章 6.6 节。

　　（3）保安过滤器的维护

　　保安过滤器一般设置在超滤系统前，目的是去除水中的细小微粒，以满足后续超滤工序对进水的要求，防止超滤膜丝断裂的情况；同时保安过滤器可降低系统二次污染的风险。保安过滤器内装的过滤滤芯精度根据不同使用场合选择，其等级可分为 $0.5\mu m$、$1\mu m$、$5\mu m$、$10\mu m$ 等。在日常维护过程中，需要注意观察其进出口压力表的读数，启动时要打开其排污阀和排气阀。当进出口压力差达到 $0.05MPa$ 时，需更换内部滤芯。

　　（4）超滤系统常见故障处理

　　超滤系统常见故障处理措施见表 3-8。

压力式（浸没式）超滤系统常见故障处理措施　　　　表 3-8

现象	原因	处理办法
跨膜压差过高	1. 膜组件污染	查出污染原因,采取针对性的化学清洗方法;调整运行参数
	2. 产水流量过高	根据操作指导调整进水流量
	3. 进水温度过低	提高进水温度;调整产水流量
产水流量低	1. 膜组件污染	查出污染原因,采取针对性的化学清洗方法;调整运行参数
	2. 流量计故障	检查流量计,校正或者更换流量计
	3. 阀门开度不正确	检查并保证所有应该打开的阀门处于开启状态,并调整开度
	4. 进水压力过低	检查确认并调整进水压力
	5. 进水温度过低	提高进水温度;提高进水压力
产水水质差	1. 进水水质超标	检查进水水质,改善预处理
	2. 膜组件泄漏	查出泄漏原因,更换配件
	3. 膜丝断裂	查出膜丝断裂的膜组件,修补或者更换膜组件
系统不能自动运行	1. 进水泵不工作	排除接线错误的可能;置于手动状态下重新启动,正常后转入自动控制
	2. 超滤进水泵故障,造成对应的泵组停产	转换成备用超滤进水泵恢复生产,检查故障进水泵,记录故障代码,复归进水泵数据,上报故障
	3. 进水压力超高	检查进水泵;检查进水压力开关设置是否合理
	4. 产水压力高	检查产水阀门是否未开启或者开度不正确;后续系统未及时启动;检查产水压力开关设置是否合理
	5. PLC 程序故障	检查程序

续表

现象	原因	处理办法
超滤膜停止工作	1. 停电或电压不稳定	检查高低压配电设备是否完好,与供电部门保持沟通,确保正常供电;供电正常后,系统复位重启
	2. 设备驱动气压不足	检查空气压缩机,切换至备用空气压缩机
	3. 反冲洗水泵故障	检查反冲洗水泵,记录故障代码,复归数据,重启反冲洗水泵
	4. 清洗融药箱温度过高	一般膜化学清洗时才使用清洗融药箱,膜组件正常运行时不使用。化学清洗时需注意其手动加热,否则温度超过设定值时会造成膜设备全停。解决方法:停止加热,待温度降低后再恢复生产
	5. 产水池液位过高	检查产水池出水阀门是否开到位,出水管路是否通畅;适当调整产水量,使产水池进出水达到平衡
	6. 水池液位低于设定值	调节膜进水泵频率或减少运行台数,降低膜产水量,使原水池进出水保持平衡

5. 安全管理

（1）化学药剂安全管理

超滤工艺运行所用的化学药剂主要有次氯酸钠、氢氧化钠、盐酸等,腐蚀性较大,应建立完善危险化学品安全管理制度,加强日常安全监管和记录;药剂存放点应按照规范要求配备通风、防泄漏等安全设施;应对操作人员进行必要的安全培训,定期组织应急救援演练。

（2）特种设备安全管理

超滤系统的空气储罐如工作压力大于或者等于 0.2MPa（表压）,且压力与容积的乘积大于或者等于 1.0MPa·L 应列入特种设备管理,需定期对放空阀、安全泄压阀和压力表进行检查和更换,每隔三年请专业机构对储罐及相应管道进行安全检查和评估。

（3）机电设备安全管理

超滤系统自动化程度高、布置紧凑、设备管路相对复杂,因此应由经过培训且具有相应资质的电工进行事故的检修和超滤系统维护。日常设备安全管理主要关注以下方面:

1）应定期检查各配电柜和控制箱内端子连接是否正确、是否牢固。

2）日常巡检应关注膜组件是否有泄漏,一旦发生泄漏事故,必须立即关闭装置进行处理,防止事故扩大。

3）检查所有接电装置的密闭性,确保不与外面的水接触。

4）检查确认所有管线的支撑、安装牢固。

5）在维修或更换故障电气单元时,应断开该单元电源。

6）停用及故障设备应挂牌明示,并对相应电源、阀门上锁保护。

（4）作业人员安全防护

1）应保持车间通道畅通,地面干燥整洁防滑。

2）带电作业时,操作人员应穿戴绝缘手套、安全鞋,使用绝缘胶垫,并有人在旁边提供必要的安全保护。

3）使用化学药品进行清洗作业时,作业人员应穿戴橡胶手套、护目镜等防护用品。

4）对地面 2m 以上的管路阀门进行维修作业时,作业人员应配备安全带、安全帽,做好防高空坠落保护。

5）应注意所有场地的照明，以方便操作和维护。

6. 主要风险与管控

总结现有活性炭-超滤组合工艺水厂的运行经验，对工艺各个环节进行风险评估，发现主要存在 pH 下降、余铝超标、嗅味异常等方面的水质安全风险，以及因膜污染导致的产水量下降、膜组件断丝导致的出水浊度或生物异常等风险。

（1）出水 pH 下降

主要原因分析：一是原水的碳酸盐碱度偏低，导致水的 pH 缓冲能力较低；二是活性炭吸附过程中的酸度增加，酸度来源主要有二氧化碳、硝化作用、活性炭自身特性和水中残余有机物等几个方面。

措施：①正常运行期间，活性炭滤池出水 pH 降幅过大，可先通过炭前加碱，即在沉后或砂滤后投加氢氧化钠，对活性炭滤料进行原位改性，增加其含氧官能团数量，提高活性炭滤池出水 pH 平衡点；②在活性炭滤池后投加石灰澄清液或氢氧化钠溶液提高活性炭滤池滤后 pH；③通过强化活性炭滤池反冲洗，减少滤层中残余有机物积聚。

（2）余铝超标

主要原因分析：原水中以颗粒态铝为主，经过混凝沉淀后，由于投加碱铝药剂以及水温、pH、浊度等因素影响，水中溶解态铝含量大幅度升高，虽然经过活性炭吸附过滤以及超滤可去除大部分颗粒态铝，但对溶解态铝去除仍然有限。

措施：①强化混凝沉淀，控制沉淀池出水浊度在 0.5NTU 左右；②控制混凝沉淀过程水的 pH，不宜超过 7.8；③适当缩短沉淀池排泥周期。

（3）臭和味异常

主要原因分析：原水藻类升高、水环境污染均会导致原水臭和味异常，而活性炭滤池吸附能力下降、接触时间不足均可能导致出水嗅味异常问题。

措施：①加强原水、各工艺段水臭和味人工检测；②在进水端投加粉末活性炭；③如果是因铁锰引起的原水色度、嗅味变化，还需紧急投加高锰酸钾。

（4）膜污染

主要原因分析：在膜过滤过程中，膜污染是一个经常遇到的问题。所谓污染是指被处理液体中的微粒、胶体粒子、有机物和微生物等大分子溶质与膜产生物理化学作用或机械作用而引起在膜表面或膜孔内吸附、沉淀使膜孔变小或堵塞，导致膜的透水量或分离能力下降的现象。污染膜的物质大致分为下述几种类型：

1）胶体污染：胶体主要存在于地表水中，特别是随着季节的变化，水中含有大量的悬浮物如黏土、淤泥等胶体，均布于水体中，它对滤膜的危害性极大。因为在膜滤过程中，大量胶体微粒随透过膜的水流涌至膜表面，长期的连续运行，被膜截留下来的微粒容易形成凝胶层，更有甚者，一些与膜孔径大小相当及小于膜孔径的粒子会渗入膜孔内部堵塞流水通道而产生不可逆的变化。

2）有机物污染：水中的有机物，有的是在水处理过程中人工加入的，如表面活性剂、清洁剂和高分子聚合物絮凝剂等，有的则是天然水中就存在的，如腐殖酸、丹宁酸等。这些物质也可以吸附于膜表面而损害膜的性能。

3）微生物污染：微生物污染对滤膜的长期安全运行也是一个危险因素。一些营养物质被膜截留而积聚于膜表面，细菌在这种环境中迅速繁殖，活的细菌连同其排泄物质形成微生物黏液而紧紧粘附于膜表面，这些黏液与其他沉淀物相结合，构成了一个复杂的覆盖层，其结果不但影响到膜的透水量，也使膜产生不可逆的损伤。

措施：①加强前端工艺的管控，特别是当原水藻类异常升高时，应加强预氧化和絮凝工作，在沉淀阶段杀灭和去除水中藻类，尽量降低超滤膜负荷；②密切关注超滤膜跨膜压差变化情况，及时了解跨膜压差升高原因，并采取措施解决；③结合生产负荷变化，合理调整超滤膜常规反冲洗频率和强度，并确保反冲洗期间消毒到位；④定期对膜系统进行化学清洗，彻底去除附着在膜表面的污染物质；⑤对于暂时停运的膜组件，应严格执行相关膜丝浸泡保护措施。

（5）膜组件断丝导致出水浊度或桡足类生物异常

主要原因分析：超滤进水温度过低、压力过高、流量偏大、膜污堵以及误操作等因素均可能引发膜丝断裂，导致水中胶体、微生物穿过超滤膜造成产水水质恶化。

措施：①加强超滤系统运行状态监控及参数调整，使超滤装置在良好工况下运行；②加强对膜组件的定期杀菌灭藻处理；③当发现膜丝污堵严重、跨膜压差异常升高时，应及时进行化学清洗；④定期对膜组件进行完整性测试，及时修复断丝膜组件；⑤应更换断丝率超过 3‰的膜柱。更换下来的膜柱若膜丝损伤面积小，可交由厂家修复后继续使用，或可用作示范教学用；无法修复的膜柱需交由专业废弃物处理公司回收处理。

第4章 深度处理组合工艺典型工程案例

4.1 深度处理组合工艺流程系统解决方案

随着水源水中污染物质成分越来越复杂，单靠某种方法已无法有效去除所有的污染物，因此，需要对饮用水进行深度处理，通过与常规处理工艺组合，利用流程中各种处理方法、单元之间的相辅相成，侧重对不同污染物的处理，去除常规处理工艺不能有效去除的污染物。就组合工艺流程而言，应根据当地的水质特征和气候特点，因地制宜，不断创新、优化和集成高效、适用范围广的组合工艺流程，以解决日益复杂的水质问题，确保饮用水水质安全。

（1）一般地，深度处理组合工艺的基本流程为：原水→预处理→常规（强化常规）处理工艺→臭氧活性炭→消毒。

其中，预处理包括生物预处理、化学氧化；强化常规处理工艺包括强化混凝、活性炭滤池；在某些情况下，可考虑在活性炭后接膜工艺或采用两级臭氧活性炭工艺。

深度处理组合工艺的基本流程在深圳市笔架山水厂得到了应用。笔架山水厂规模为26万 m³/d，原水主要来自深圳水库，COD_{Mn} 含量较低，波动范围为 0.98～1.70mg/L，氨氮为 0.09mg/L，受藻类暴发影响，原水中存在嗅味等问题，采用"预臭氧氧化—机械混合—高效网格反应—平流沉淀—V 型滤池过滤—主臭氧氧化—活性炭滤池过滤—氯/氯胺消毒"工艺，对色度、浊度以及氨氮的去处效果很好，年平均去除率分别为 85.37%、99.04% 和 59.26%；同时对嗅味的去除效果也较好，出厂水嗅阈值小于 10；出厂水的氨氮浓度很低，部分月份检测时低于检测限；出厂水的 COD_{Mn} 平均去除率达到 56.79%，数值在 0.47～0.62mg/L 之间，远低于出厂水 COD_{Mn} 小于 3mg/L 的要求。

（2）对于氨氮<1.0mg/L、COD_{Mn}<6.0mg/L 的Ⅲ类地表水水源，可采用下列深度处理组合工艺：原水→预氧化或 AOP→常规（强化常规）处理工艺＋臭氧活性炭工艺。

根据活性炭滤池与砂滤池的相对位置，可以将臭氧活性炭工艺分为后置、前置以及中置工艺。

1）臭氧活性炭后置工艺为臭氧和活性炭滤池放在常规处理砂滤池之后的工艺，工艺组合方式为：原水→预氧化→混凝→沉淀→砂滤→臭氧＋活性炭→消毒。

臭氧活性炭后置工艺对原水的适应性较强，是最为传统的臭氧活性炭工艺，在我国得到广泛应用。由于处于砂滤之后，因此必须控制出水浊度以及生物安全性，一般采用传统的下向流活性炭方式，可明显提高出厂水水质，活性炭使用周期也显著延长。杭州市南星水厂深度处理工程采用了臭氧活性炭后置工艺，在常规处理工艺的基础上，增设预臭氧氧化、后臭氧氧化及活性炭过滤等工艺构建而成，于 2004 年 12 月 18 日竣工并投入运行，投产后处理效果良好，对浊度、COD_{Mn}、NH_4^+-N、NO_2^--N 的去除率分别为 99.2%、57%~77%、61%~99.7%、25%~99.74%，出水浊度<0.2NTU；深度处理工艺的制水成本为 0.561 元/m^3，较常规处理工艺的 0.447 元/m^3 仅增加 0.114 元/m^3。

2）臭氧活性炭前置工艺是臭氧和活性炭滤池放在常规处理砂滤池之前的工艺，工艺组合方式为：原水→预处理→混凝→沉淀→臭氧+活性炭→砂滤→消毒。

臭氧活性炭前置工艺多采用上向流活性炭方式，与臭氧活性炭后置工艺相比有较高的活性炭床吸附能力和生物降解能力，对有机物去除效率高，可省去中间提升泵站，节省了占地和投资运行费用。当对氨氮和有机物有较高去除要求，或需要特别关注生物泄漏时，宜采用前置上向流工艺。臭氧活性炭前置工艺的进水一般采用沉后水，对沉淀池出水浊度要求较高，一般要求控制在 1.0NTU 以下。

臭氧活性炭前置工艺在嘉兴贯泾港水厂得到了示范应用。嘉兴市地处杭嘉湖平原，太湖流域末端，区域内水体常年为Ⅳ~Ⅴ类，枯水期甚至劣于Ⅴ类，属于微污染水源。设计处理水量 15 万 m^3/d，采用的是上向流悬浮活性炭接触滤池，最后以砂滤池作屏障的臭氧活性炭前置工艺。出厂水浊度低于 0.5NTU，COD_{Mn} 浓度基本在 2mg/L 以下，出水中氨氮、有机物、浊度、铁、锰均能稳定达标，有效保障了出水水质。

3）臭氧活性炭中置工艺的工艺组合方式为：原水→预氧化→混凝→沉淀→砂滤→臭氧+活性炭→砂滤→消毒。

臭氧活性炭中置工艺采用上向流或下向流均可以，一般采用上向流活性炭滤池较为合适。前道砂滤主要将浊度降低到后续工艺允许的范围；后道砂滤进一步去除浊度以保证出水水质。当原水浊度、氨氮较高，关注生物泄漏，且对出厂水水质要求较高时，宜采用中置上向流工艺。

（3）对于轻度污染或季节性污染的水源，或受到经济、场地条件限制的水厂升级改造，可采用活性炭/炭砂-超滤短流程组合工艺，工艺组合方式为：原水→预氧化→强化混凝→沉淀→活性炭/炭砂过滤→超滤→消毒。

短流程深度处理工艺是直接将砂滤池改造为活性炭滤池或炭砂滤池，并增加超滤的组合工艺，可有效提高工艺应对季节性污染和突发性污染的能力，确保出水水质。

深圳市沙头角水厂采用了活性炭/炭砂-超滤短流程组合工艺。该水厂水源由江水、水库水和山水组成，主要存在嗅味、有机物等污染问题。另外，当地为南方亚热带气候，微生物滋生较严重，因此，微生物安全问题亦迫切需要妥善解决。设计规模为 4 万 m^3/d，在工艺技术升级方案中，将砂滤池改造成活性炭滤池，并在活性炭滤池后增加超滤工艺，形成活性炭-超滤工艺，于 2013 年竣工投产，活性炭-超滤工艺对浊度、有机物、微生物等指标有较好的去除效果，出水浊度<0.1NTU，$2\mu m$ 以上颗粒数均<10CNT/mL，COD_{Mn} 平均含量 0.85mg/L，氨氮<0.02mg/L，亚硝酸盐氮<0.001mg/L，其他水质指标均保持较优水平，工艺出水所有的水质指标均优于《生活饮用水卫生标准》GB 5479—2006，出水水质安全可靠。

（4）对于高藻的水库水水源，可采用下面两种多级组合工艺：原水→臭氧预氧化→混凝气浮→臭氧＋活性炭→消毒；原水→臭氧预氧化→强化混凝→沉淀→砂滤→臭氧＋活性炭→超滤→消毒。

该组合工艺被无锡中桥水厂所采用。无锡中桥水厂示范工程原水取自太湖，针对太湖水源具有高藻、高藻毒素、高有机物、高氨氮、嗅味等污染特征，开展生物预处理技术、高效化学预处理技术、高藻原水深度处理技术、高藻型原水藻类膜工艺去除关键技术和高藻毒素型原水安全消毒技术研究。通过技术研发、技术集成和综合示范，形成了高藻型湖泊型原水预处理→常规处理→深度处理→膜处理多级屏障技术体系，解决了湖泊型水源长期存在的高藻、高有机物和高氨氮导致的水质耗氧量、氨氮等超标问题，特别是解决了长期困扰湖泊型原水的自来水嗅味问题，并完成了高藻和高有机物原水处理技术集成研究与工程示范。常规处理工艺对浊度有很好的去除效果。经预臭氧灭活藻类，再加氯，使常规处理工艺对藻类有很好的去除效果。超滤膜是保障饮用水生物安全性最有效的技术，几乎能去除水中所有的细菌和病毒。在臭氧活性炭工艺对有机物、氨氮有较高去除率的基础上，运行超滤工艺，有效防止了滤池生物泄漏等问题。

（5）对于氨氮浓度较高、COD_{Mn} 浓度较低的水源（氨氮＞3.0mg/L，COD_{Mn}＜6.0mg/L），可采用以下工艺组合方式：原水→生物预处理→混凝→沉淀→活性滤料过滤→臭氧＋活性炭→消毒。

生物预处理与活性滤池（以活性炭或其他改性滤料替代石英砂）的结合主要去除水中的氨氮，特别是冬季水温较低时，多级生化作用可以保证工艺对氨氮、有机物的去除率。

（6）对于氨氮浓度低、COD_{Mn} 浓度较高的水源（氨氮＜3.0mg/L，COD_{Mn}≈8.0mg/L），可采用以下工艺组合方式：原水→强化混凝→沉淀→活性滤池→单级（或两级）臭氧＋活性炭→消毒。

其中，强化混凝主要在水温较低（生物降解作用减弱）时采用，保证冬季工艺对有机物的去除效果。臭氧活性炭工艺的级数根据实际情况而定。

（7）对于氨氮、COD_{Mn} 浓度均较高的水源（氨氮＞3.0mg/L，COD_{Mn}≈8.0mg/L），可采用以下工艺组合方式：原水→生物预处理→强化混凝→沉淀→活性滤池→单级（或两级）臭氧＋活性炭→消毒；原水→生物（化学）预处理→强化混凝→沉淀→砂滤→臭氧＋活性炭→砂滤→消毒。

其中，强化混凝主要在水温较低（生物降解作用减弱）时采用。

嘉兴市古横桥水厂三期示范工程采用了该工艺组合方式。古横桥水厂水源为平湖盐平塘，主要河道水质属于Ⅴ类或劣Ⅴ类水体，以有机污染和氨氮污染为主，主要超标项目有溶解氧、氨氮、亚硝酸盐氮、总氮、总磷、高锰酸盐指数和五日生化需氧量等，为典型的高氨氮和高有机物污染河网原水。该工程属于新建工程，工程规模为 4.5 万 m^3/d，采用活性炭强化斜管澄清池＋均质滤料气水反冲洗滤池的强化常规处理工艺，配以生物接触氧化池预处理工艺和两级臭氧活性炭滤池深度处理工艺，Ⅴ类或劣Ⅴ类的河网原水经组合工艺处理后，生物预处理对氨氮的年平均去除率为 61.92%，沉后水平均浊度为 0.94NTU，滤后水浊度为 0.36NTU，出水水质符合《生活饮用水卫生标准》GB 5749—2006，与二期相比，出水水质得到了改善。

（8）当水厂净水工艺存在生物泄漏风险或出水浊度和微生物指标要求严于现行国家标

准的规定时，可在以上工艺基础上增加膜处理（如超滤等）工艺，如臭氧＋活性炭→超滤→消毒，或者炭砂滤池→超滤→消毒，也可直接在常规处理工艺后面接以纳滤为核心的双膜工艺。

4.2　深度处理组合工艺工程案例

4.2.1　微污染原水处理工程案例

微污染原水主要污染物为悬浮物、有机物和氨氮，其水中污染物浓度虽然总体比较低，但现有的给水常规处理工艺有效去除低浓度有机物能力有限，其危害不可忽视。一些可同化有机物质（AOC）的存在会引起细菌繁衍和传播疾病。氯气消毒后会产生消毒副产物，如三卤甲烷类（THMs）、卤乙酸类（HAAS）等，这些污染物危害很大，不仅难降解且具有生物累积和"三致"（致癌、致突变、致畸）作用。因此，在常规处理工艺之后增加能够将常规处理工艺不能有效去除的污染物或消毒副产物的前体物去除的深度处理技术，是有效改善和保证饮用水水质的有效途径。目前，深度处理技术成为微污染原水处理领域研究及关注的热点之一，也是提升处理水水质、应对地表水源污染严重的最有效的对策之一。

1. 工程名称

临江水厂示范工程。

2. 工程背景

临江水厂于 1997 年 8 月建成投产，设计规模 40 万 m^3/d，原水取自黄浦江上游，采用常规处理工艺，扩建工程于 2006 年 7 月正式竣工投产。其黄浦江水源水质情况是有机物（高锰酸钾指数 5.0mg/L 左右）和氨氮含量（0.3mg/L 左右）较高，冬季锰含量较高。对照《生活饮用水卫生标准》和《上海市供水专业规划》中关于 2010 年水质目标的要求，扩建后常规处理工艺无法保证出厂水达标，面临着为 2010 年上海世博会浦东片区提供优质供水的任务，为此，临江水厂 2007 年开始建设规模为 60 万 m^3/d 的深度处理工程。

3. 工程概况

临江水厂深度处理工程建设规模为 60 万 m^3/d，深度处理工程主要包括预臭氧、后臭氧、活性炭滤池及 UV 消毒等工艺，工艺流程如图 4-1 所示。

主要设计参数为：

（1）预臭氧接触时间为 2～3min，有效水深为 6m。臭氧投加采用静态混合器，预臭氧最大投加量为 1mg/L。中间臭氧接触池有效水深 6m，停留时间 6min，臭氧最大投加量为 3.0mg/L。

（2）设活性炭滤池，设计滤速 11.2m/h，炭床吸附时间 10.8min。采用煤质颗粒活性炭，滤床的炭层厚度为 2.2m，有效粒径 1.0mm，滤料上水深 1.3m。反冲洗采用单独气冲加单独水冲方式，气冲强度为 35m^3/(m^2·h)，水冲强度为 35m^3/(m^2·h)。

4. 应用效果

临江水厂示范工程于 2008 年开始建设，2010 年 3 月运行通水，出水水质达到了《生活饮用水卫生标准》GB 5749—2006 的要求，异嗅异味得到改善，向世博园区供水，保证了世博园区直饮水的安全，并通过了上海市水务组织的第三方评估。

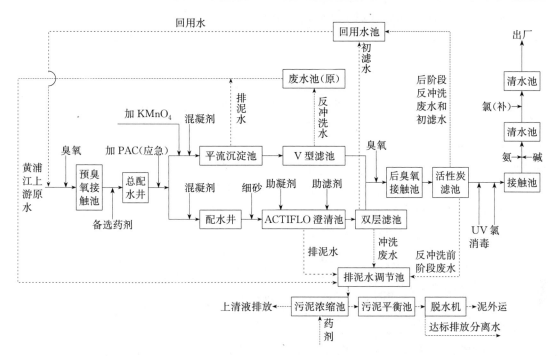

图 4-1　临江水厂深度处理工艺及排泥水处理工艺流程图

5. 工程特色

临江水厂深度处理工程采用的示范技术为臭氧活性炭与紫外线组合消毒技术，在预处理阶段以臭氧预氧化代替加氯预氧化，以降低氧化或消毒副产物的生成趋势，出水经过紫外线和化合氯联合消毒后进入世博园区供水管网。

4.2.2　高氨氮、高有机物污染河网型原水处理工程案例

嘉兴地区地处太湖流域末端，河网交织、地势平坦，河水流速缓慢，过境流量大（75%的水量为过境水），水源水质常年处在Ⅳ类到劣Ⅴ类，氨氮和有机物污染严重。针对嘉兴地区高氨氮、高有机物的河网水质特点，单纯常规处理（混凝—沉淀—砂滤）出水水质无法达到出水标准，由于常规处理工艺的局限性，需要组织预处理、常规处理、深度处理，对水厂工艺进行经济有效地改造，从而高效解决高氨氮、高有机物污染原水的净化问题。"高氨氮和高有机物污染河网原水的典型工艺优化组合技术"涉及预处理、强化常规处理、深度处理等工艺系统，缺一不可，是高氨氮和高有机物污染河网水处理技术体系的重要组成部分。

1. 工程名称

平湖古横桥水厂三期示范工程。

2. 工程背景

嘉兴市古横桥水厂二期工程出水水质基本可达到要求，但还存在以下几方面的问题：生物接触氧化池在冬季低温时，去除率会下降，需进一步挖掘潜力；常规处理加矾量很高，加矾量甚至高达 100mg/L 以上；平流沉淀池存在藻类繁殖的问题，影响出水水质；两级活性炭滤池对 COD_{Mn} 的总去除率在 31%（相对于原水而言）左右，还未充分发挥两级臭氧活性炭工艺的处理能力。根据二期工程各工艺段对水中污染物去除情况的实践经

验，三期工程在设计中对各工艺单元及组合工艺作进一步优化，以提高对污染物的去除效率。

3. 工程概况

古横桥水厂水源为平湖盐平塘，主要河道水质属于 V 类或劣 V 类水体，以有机污染和氨氮污染为主，主要超标项目有溶解氧、氨氮、亚硝酸盐氮、总氮、总磷、高锰酸盐指数和五日生化需氧量等，为典型的高氨氮和高有机物污染河网原水。该工程属于新建工程，工程规模为 4.5 万 m^3/d，是在原水厂厂址内进行扩建，扩建后的水厂供水范围为平湖市西片包括中心城区、钟埭街道、曹桥街道、林埭镇的居民用水和工业用水。古横桥水厂三期高氨氮和高有机物污染河网原水处理示范工程采用活性炭强化斜管澄清池＋均质滤料气水反冲洗滤池的强化常规处理工艺，配以生物接触氧化池预处理工艺和两级臭氧活性炭深度处理工艺。工艺流程如图 4-2 所示。

原水 → 生物接触氧化 → 活性炭强化斜管高效澄清 → 砂滤池 → 两级臭氧-下向流生物活性炭 → 液氯消毒

图 4-2　古横桥水厂三期工程工艺流程图

其主要设计参数有：

（1）臭氧接触池水深 7.0m，设计水力停留时间 15min。臭氧接触池分三段，第 1 段臭氧投加量为 50%，接触时间为 2min。第 2 段和第 3 段臭氧投加量相同，接触时间各 6.5min。采用密闭对流接触方式。臭氧最大加注总量按 5mg/L 设计，一、二级加注量可根据实际需要进行调整。

（2）两组活性炭滤池设计滤速均为 10.5m/h，单排布置。滤料采用 30～80 目破碎炭，厚度 2.50m，接触时间 15min。炭层和滤板之间设 30mm 厚石英砂滤层。滤池超高 0.70m，滤层以上水深 1.30m，炭层厚度 2.50m，砂层厚度 0.30m，滤板厚度 0.10m，气水区高度 1.00m，总计 5.90m。活性炭滤池反冲洗采用气水联合反冲洗方式，其反冲洗周期一般较长（5～7d），与均质滤料滤池合用鼓风机和反冲洗水泵，反冲洗流程为：气冲强度 55～60$m^3/(m^2 \cdot h)$，历时 3min；气冲之后水冲，先大水量 60$m^3/(m^2 \cdot h)$ 冲洗 2min，再小水量 10$m^3/(m^2 \cdot h)$ 冲洗 2min。

4. 应用效果

运行数据表明，高氨氮、高有机物污染河网原水的组合处理技术示范工程，通过预处理优化、强化常规处理、两级臭氧活性炭优化深度处理工艺，V 类或劣 V 类的河网原水经组合工艺处理后，生物预处理对氨氮的年平均去除率为 61.92%，沉后水平均浊度为 0.94NTU，滤后水浊度为 0.36NTU，出水水质符合《生活饮用水卫生标准》GB 5479—2006，与二期相比，出水水质得到了改善。

5. 工程特色

嘉兴市古横桥水厂三期示范工程示范主要技术为活性炭强化高浓度污泥回流高效沉淀和强化过滤协同技术、高氨氮和高有机物污染河网原水的典型组合工艺优化技术等。整套工艺集预处理、常规处理和深度处理为一体，确保了水厂的优质运行和出水水质安全。

4.2.3 高藻、高有机物湖泊型原水处理工程案例

太湖原水具有高藻、高藻毒素、高有机物、高氨氮、嗅味等污染特征，通过开展生物

预处理技术、高效化学预处理技术、高藻原水深度处理技术、高藻型原水藻类膜工艺去除关键技术和高藻毒素型原水安全消毒技术研究，形成了高藻型湖泊型原水预处理→常规处理→深度处理→膜处理多级屏障技术体系，解决了湖泊型水源长期存在的高藻、高有机物和高氨氮导致的水质耗氧量、氨氮等超标问题，特别是解决了长期困扰湖泊型原水的自来水嗅味问题。

1. 工程名称

无锡中桥水厂示范工程。

2. 工程背景

无锡中桥水厂以太湖为水源，随着水源治理工作的开展，水质逐年好转，但受蓝藻、望虞河引水、内河港口倒流时的综合性废水排放、风浪等因素影响，仍面临氨氮、耗氧量、蓝藻及其代谢产物以及太湖湖底死亡生物释放的臭味物质等水质波动问题。因此，水厂实施了臭氧活性炭深度处理改造。

3. 工程概况

该示范工程生产规模为 15 万 m^3/d，其中常规处理→超滤膜工艺于 2010 年 1 月投入试运行；常规处理→后臭氧活性炭→超滤膜深度处理工艺全流程于 2011 年 2 月投入运行。膜深度处理工程投资 560 元/m^3，制水成本增幅 0.1729 元/m^3。工艺流程如图 4-3 所示。

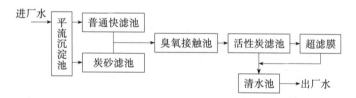

图 4-3　无锡中桥水厂示范工程工艺流程图

主要设计参数：

（1）臭氧接触池采用全封闭结构，有效水深 6m，接触时间 15min，臭氧投加量 1.0～2.0mg/L。每座臭氧接触池又分为独立的 2 格，单格臭氧接触池分 3 次曝气头曝气接触，三阶段反应，各阶段接触时间依进水方向约为 4.0min、5.5min、5.5min，各阶段布气量可根据实际需要进行调整，设计按 45%～55%、25%～35%、15%～25%布气。曝气采用微孔曝气，臭氧向上，水流向下，充分接触。

（2）活性炭滤池采用翻板滤池池型，空床滤速 9.8m/h。填料层自上而下为：炭层，粒径 8～30 目，厚度 2.1m，空床停留时间 13.9min；砂层，平均粒径 0.6mm，不均匀系数 1.3，厚度 0.6m；支承层，$D=2.0～16.0$mm，厚度 0.45m。

4. 应用效果

根据第三方检测数据和运行监测数据，出水的氨氮、COD_{Mn}、嗅味等指标均达到了《生活饮用水卫生标准》GB 5749-2006 的规定。其中，臭氧-生物预处理工艺对 UV_{254}、亚硝酸盐有较好的去除效果，对高锰酸盐指数有一定去除，且因生物接触池附着生物未成熟，其对有机物及氨氮的去除还未达到理想效果；臭氧活性炭深度处理工艺生物附着对有机物去除较多，其上附着的生物更有助于有机物、氨氮、亚硝酸盐的去除。常规处理工艺对浊度有很好的去除效果。经预臭氧灭活藻类，再加氯，使常规处理对藻类有很好的去除效果。超滤膜是保障饮用水生物安全性最有效的技术，几乎能去除水中所有的细菌和病毒。在臭氧活性炭工艺对有机物、氨氮有较高去除率的基础上，运行超滤膜工艺，有效防止了滤池生物泄漏等问题。

5. 工程特色

无锡中桥水厂高藻和高有机物原水膜深度处理技术示范工程采用预处理耦合技术→臭氧活性炭→超滤膜联用多级屏障处理工艺流程，运行效果优良，彻底解决了多年来盛夏季节困扰无锡市饮用水的藻嗅等水质问题。

4.2.4 高嗅味、高溴离子水库、湖泊原水处理工程案例

近年来，国内外的水库、淡水湖常常出现藻类季节性爆发现象，产生的嗅味问题严重影响水质感官。引起嗅味的主要污染物是 2-甲基异莰醇（2-MIB）和土臭素（Geosmin）等，尤其对于山东使用引黄水库为水源的地区，原水往往还伴随着低浊、高溴离子、高有机污染等水质特征，水厂常规处理工艺已经难以满足当地用户的要求，亟待采用深度处理组合工艺解决高有机物和嗅味问题。

案例一：臭氧活性炭深度处理工艺工程案例

1. 工程名称

济南鹊华水厂示范工程。

2. 工程背景

济南鹊华水厂始建于 1984 年，总设计规模 40 万 m^3/d，采用常规处理组合工艺，原水经预处理水厂进行简单预处理沉淀后送鹊华水厂处理，该设计主要针对黄河水含砂量较大、浊度较高的特点。建成后的鹊华水厂由于供水量受制于黄河断流，为"节水保泉"以及提升鹊华水厂供水保障能力，2000 年济南市政府筹建的库容 4600 万 m^3 的鹊山水库正式向济南市供水。

黄河水经鹊山水库沉砂池沉淀及水库调蓄后，原水特性有所改变，如高浊度特性已变为低浊度、高溴离子特性，加之黄河水污染日趋严重，原水中有机物含量高，导致水库中藻类季节性爆发，而鹊华水厂原有的常规处理组合工艺难以应对水源水质的变化，出厂水难以满足《生活饮用水卫生标准》GB 5749—2006 的要求。

3. 工程概况

根据鹊华水厂存在的处理工艺问题及原水水质特点，示范工程采用了国家"十一五"水专项课题研究成果"中置式高密度沉淀池"和"臭氧—上向流活性炭—砂滤集成技术"等深度处理关键技术，主体工艺为"中置式高密度沉淀池→臭氧接触池→上向流活性炭滤池→V 型砂滤池→液氯消毒"。示范工程工艺单元包括中置式高密度沉淀池、臭氧接触池、上向流活性炭滤池、V 型砂滤池及其配套设备及消毒等，工艺流程如图 4-4 所示。

臭氧接触池共两座，单池设计能力 10 万 m^3/d，结构按三段式设计，臭氧投加量设计为 1~2mg/L，按照摩尔比 3:1:1 三级分段投加，可有效提高臭氧的利用效率，从而降低臭氧的总投加量，在提高有机物去除效果的同时降低能耗。按照摩尔比 1:1 的比例在第一级臭氧处投加过氧化氢，以控制溴酸盐的产生量。上向流活性炭滤池共 12 组，总处理能力 20 万 m^2/d。活性炭采用煤质压块破碎炭，均质滤料，炭粒 20×50 目，有效粒径 0.85mm，不均匀系数<1.3。活性炭滤池采用微膨胀上向流运行模式，以减少水头损失，

实现一次提升。活性炭滤池单格有效面积 $60.48m^2$，设计空床滤速 12m/h，活性炭滤层厚 3.0m，接触时间 15min，膨胀率控制在 $10\%\sim20\%$ 范围内。活性炭滤池采用气冲，反冲洗周期为 15d，冲洗强度 $15L/(m^2 \cdot s)$。砂滤池置于活性炭滤池后，可有效保证出水的浊度和微生物安全性。砂滤池采用 V 型滤池，分为 12 格，双排布置，滤速 8.0m/h，石英砂滤料滤层厚 1.2m，有效粒径 0.85mm。

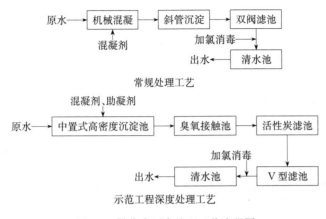

图 4-4　鹊华水厂水处理工艺流程图

4. 应用效果

鹊华水厂示范工程于 2010 年 12 月 1 日正式开工，2011 年 6 月建成通水，调试和运行工作也依照课题研究提供的优化参数进行。根据水厂的日常监测结果、第三方检测机构国家城市供水水质监测网北京监测站的多次取样全分析结果以及研究单位清华大学、山东建筑大学的监测结果，示范工程改造工艺出水水质全面达到了《生活饮用水卫生标准》GB 5749—2006 的要求。与原有工艺出水相比，新工艺对 COD_{Mn} 的去除率为 48%，老工艺的去除率约为 24%；新工艺对 TOC 的去除率为 37%，老工艺的去除率仅为 9% 左右，新工艺出水中微量有机物含量显著降低；嗅味物质 2-甲基异莰醇由原水中含量 30ng/L 降为在出水中含量低于检测限，嗅味问题得到解决。自 2011 年 12 月起，鹊华水厂示范工程按臭氧投加量 1.5mg/L，三段投加比例 3∶1∶1，不投加过氧化氢运行，出水中的溴酸盐均低于标准值 $10\mu g/L$，只要投加过氧化氢，则出水中的溴酸盐均低于检出限 $5\mu g/L$，未出现溴酸盐超标问题。该示范工程出水微生物学指标达标，未发现微生物泄漏问题。

5. 工程特色

鹊华水厂深度处理示范工程对优化臭氧活性炭深度处理技术以解决嗅味、溴酸盐、微生物安全性等水质问题起到了全面的示范作用，其设计和运行经验已经在福州、淮安等城市的自来水厂中得到推广应用，取得了良好的社会效益。

案例二：UV/ H_2O_2 与活性炭组合工艺工程案例

1. 工程名称

山东庆云双龙湖水厂。

2. 工程背景

双龙湖水厂位于山东省德州市庆云县，设计规模 4 万 m^3/d，于 2018 年建成投入使用。该水厂属于新建水厂，以黄河双龙湖水库为水源，原水平均 pH 为 7.8～8.5，TOC 为 2～2.2mg/L，耗氧量为 1.5～1.7mg/L，主要水质问题为藻类暴发导致的嗅味问题，嗅味物质一般为 2-甲基异莰醇（2-MIB）和土臭素（Geosmin）。

3. 工程概况

主要工艺流程为：原水→高效预氧化反应沉淀池→V 型砂滤池→UV/ H_2O_2 →活性炭滤池→清水池。

（1）UV/ H_2O_2 高级氧化环节主要参数：

UV 剂量：500mJ/cm^2（可根据进水水质进行剂量调整，按 30%～100% 调节）。

H_2O_2 投加量：5～20mg/L（根据进水水质自动调整）。

UV 与 H_2O_2 投加比例：25：1～30：1。

（2）活性炭滤池环节主要参数：

滤床深度：2.5m；

过滤速度：8.7m/h；

空床接触时间：17min。

4. 应用效果

该 UV/ H_2O_2 系统对 2-甲基异莰醇和土臭素的去除率≥90%；在破坏藻类产生的嗅味物质的同时，也可以强化对水中贾第鞭毛虫和隐孢子虫等致病微生物的去除作用；H_2O_2 经过 BAC 后可以完全被淬灭，出水水质满足《生活饮用水卫生标准》GB 5749—2006 的要求。

5. 工程特色

该工程投资成本约 320 元/m^3，运行成本范围为 0.15～0.22 元/m^3。原水属于低浊水，同时存在嗅味问题。水厂本身的规模较小，采用 UV/ H_2O_2 工艺对全部进水进行深度处理，实现高级氧化除嗅味物质、消毒、灭"两虫"的目的。该工程 UV 和 H_2O_2 剂量范围较广，使用紫外高级氧化控制系统可以实现 UV 剂量和 H_2O_2 投加量的自动调节，适应较大范围的水质波动。通过后续的活性炭滤池环节淬灭多余的 H_2O_2，既保证了安全性又进一步提高了出水的感官品质。

案例三：UV/ H_2O_2 ＋GAC 组合工艺工程案例

1. 工程名称

加拿大罗恩公园水处理厂升级改造（Lorne Park WTP）。

2. 工程背景

加拿大罗恩公园水处理厂位于加拿大皮尔市的密西沙加地区（皮尔市地处安大略省东南部，是加拿大第二大自治市）。水厂始建于 1975 年，是一座下沉式水厂，水源为五大湖中的最小湖——安大略湖，湖水 pH 为 7.5～7.9，TOC 为 1.9～2.5mg/L，硝态氮≤0.5mg/L，夏天藻类容易爆发，产生嗅味物质。为了满足 2031 年设计服务人口（157 万人）的用水需求，皮尔市对该水厂的常规处理工艺进行了改造、扩建。

需解决的主要问题和需求如下：

（1）原水的藻类、嗅味物质问题；

（2）设施几乎全部建在地下，空间有限；

（3）除"两虫"，降低微生物风险。

3. 工程概况

与安大略省的其他水厂不同，罗恩公园水处理厂采用两种工艺路线并行处理：

路线 1：常规处理工艺＋UV（处理规模 12 万 m^3/d）；

路线 2：超滤膜过滤工艺＋UV/H_2O_2＋GAC（处理规模 38 万 m^3/d）。

从安大略湖取水后，12 万 m^3/d 的原水经过常规处理工艺处理后，仅用 UV 消毒；另外 38 万 m^3/d 的原水通过超滤膜过滤工艺处理后，再经过 UV/H_2O_2＋GAC 组合工艺进行深度处理、消毒。最后这两种工艺路线的出水混合输送至用户。

主要参数：

UV/H_2O_2 高级氧化环节：

紫外线设备：特洁安公司生产的 Trojan UVSwift^{TM}ECT 系统；

UV 剂量：$\geqslant$15mJ/cm^2；

H_2O_2 剂量：5～10mg/L。

GAC 环节：

滤床深度：1.28m；

空床接触时间：4min；

老化周期：在运行 2 年内，GAC 对浓度$\leqslant$4mg/L 的残余 H_2O_2 淬灭性能稳定。随着 GAC 被 NOM 污染或与 H_2O_2 反应，GAC 淬灭 H_2O_2 的能力降低。

4. 应用效果

该 UV/H_2O_2 系统在破坏藻类产生的嗅味物质（如 2-甲基异莰醇和土臭素）的同时，也可以强化对水中贾第鞭毛虫和隐孢子虫等致病微生物的去除作用；UV 高级氧化工艺最大流量为 38 万 m^3/d 时，可以去除 0.77 log（即 83%）的土臭素；流量为 20 万 m^3/d 时，可以去除 1.25 log（即 94%）的土臭素、1log（即 90%）的 2-甲基异莰醇和 1.7log（即 98%）的贾第鞭毛虫。出水水质优于安大略省现有的饮用水水质标准。

5. 工程特色

由于设施几乎全部建在地下，罗恩公园水处理厂改造、扩建的空间有限，因此水厂在路线 2 上选择了超滤膜过滤工艺。水厂采用 UV/H_2O_2 工艺作高级氧化技术去除嗅味物质，去除率高、操作灵活、占地面积非常小、运行稳定，可以为国内有类似需求的水厂提供参考。

案例四：O_3/H_2O_2 与常规处理工艺组合工程案例

1. 工程名称

美国大都会水厂。

2. 工程背景

美国大都会水厂（Metropolitan Water District of Southern California，MWDSC）是美国最大的饮用水零售供应商，其下设的 5 家饮用水处理厂服务总人口达 1900 万人。为了去除水中季节性爆发的嗅味物质，控制消毒副产物三卤甲烷（THMs）和溴酸盐的产生，从 2003 年开始陆续完成了从传统工艺向 O_3/H_2O_2 工艺的升级改造，详见表 4-1。

5 家饮用水处理厂基本概况   表 4-1

水厂名称	改造时间	处理规模
亨利·J·米尔斯水处理厂	2003 年	2.2 亿 gal/d(约 83 万 m³/d)
约瑟夫·詹森水处理厂	2005 年	7.5 亿 gal/d(约 284 万 m³/d)
罗伯特·A 斯金纳水处理厂	2010 年	6.3 亿 gal/d(约 238.5 万 m³/d)
罗伯特·B·迪默水处理厂	2015 年	5.2 亿 gal/d(约 197 万 m³/d)
F. E. 威茅斯水处理厂	2017 年	5.2 亿 gal/d(约 197 万 m³/d)

水源来自州水工程项目水（SPW）和科罗拉多河水（CRW），两种水质特点基本相似，但是溴离子和碱度差别较大，嗅味物质季节性爆发，详见表 4-2。

水源水质基本情况对比   表 4-2

水质指标	州水工程项目水(SPW)	科罗拉多河水(CRW)
温度(℃)	11~25	11~25
浊度(NTU)	0.7~4.2	0.5~2.0
pH	7.8~8.6	7.9~8.5
总碱度(mg/L,以 $CaCO_3$ 计)	86~93	130~135
$Br^-(\mu g/L)$	400~480	60~70
TOC(mg/L)	2.46~2.5	2.6~2.8

3. 工程概况

水厂的工艺路线：预处理＋O_3/H_2O_2 工艺＋常规处理工艺（混凝＋沉淀＋过滤＋消毒）。

本案例中臭氧接触池共有 10 个腔室，臭氧和过氧化氢采用多点投加。如图 4-5 所示，正常情况下，臭氧从接触池前端第 1~3 腔室的底部通入，经过微孔滤头形成微小气泡。在臭氧消毒的 CT 值达到要求的位置投加过氧化氢（通常该位置位于第 4 腔室）。为了改善混合状况，将过氧化氢分开投加，第一个投加点设在第 4 腔室，第二个投加点设在第 6 腔室。

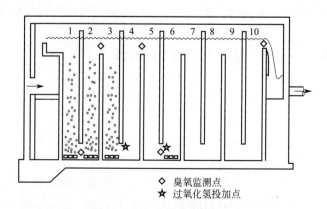

◇ 臭氧监测点
★ 过氧化氢投加点

图 4-5   正常情况下臭氧接触池的工作示意图

当水源藻类暴发，嗅味物质浓度升高时，保持过氧化氢和臭氧的最优投加比例，增加 H_2O_2 和补充臭氧可用于改善嗅味物质的去除。由于这一过程主要依靠两者发挥高级氧化作用，因此应在中下游同一位置同时投加。如图 4-6 所示，在 H_2O_2 的投加位置增设 O_3 投加点，在第 6 腔室补充 H_2O_2 和 O_3。

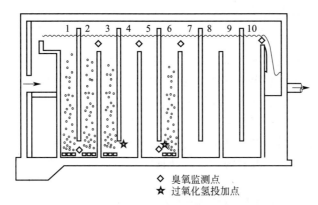

◇　臭氧监测点
★　过氧化氢投加点

图 4-6　嗅味物质增多时臭氧接触池的工作示意图

主要参数：

臭氧接触池：

臭氧氧化前氯胺投加浓度：0.5mg/L；

臭氧接触池水深：4.9m；

O_3 投加浓度：一般为 2mg/L（根据具体水质情况进行调整）；

H_2O_2 和 O_3 投加比例：≤0.3，本案例中取 0.2；

H_2O_2 投加浓度：0.1～0.6mg/L（根据具体水质情况进行调整）；

H_2O_2 残留浓度：≤0.1mg/L；

接触时间：6～12min。

双层滤料滤池：

滤速：7.3m/h；

空床接触时间：4.8min。

4. 应用效果

应用效果见表 4-3。

应用效果　　　　　　　　　　　　　　　　　　　　　　　　　　　　　表 4-3

指标	原水：SPW	原水：CRW
三卤甲烷（THMs）	未检出	约 1μg/L
溴酸盐	<0.01mg/L	<0.01mg/L
大肠杆菌灭活效果	>5log（即 99.999%）	>5log（即 99.999%）
贾第鞭毛虫灭活效果	O_3＝1mg/L、H_2O_2：O_3＝0.2 时去除 2.4log（即 99.6%）	O_3＝1mg/L、H_2O_2：O_3＝0.2 时去除>3log（即 99.9%）
嗅味物质去除效果	O_3 投加量为 2mg/L、H_2O_2：O_3＝0.2 时，土臭素、2-MIB 等嗅味物质的去除率达到 80%～90%，比相同情况下单独使用 O_3 可节省 36%～68% 的臭氧剂量	
新型污染物去除效果	对卡马西平的去除率>99%，对咖啡因、阿特拉津和磷酸三氯乙酯（TCEP）的去除率分别限制在 90%、56% 和 80%	

5. 工程特色

该工程主要通过 O_3/H_2O_2 高级氧化工艺去除水中的嗅味物质，控制消毒副产物三卤甲烷（THMs）和溴酸盐的产生。除了确定 H_2O_2 和 O_3 投加比例外，该案例把臭氧接触池分腔室，将臭氧和过氧化氢多点投加，一方面改善了两者的混合状况，另一方面可以灵活应对藻类暴发引发的水质波动问题。

4.2.5 湿热地区生物安全风险处理工程案例

珠江下游地区为典型的亚热带气候，常年气候湿热，年平均气温在 20℃ 以上，采用臭氧活性炭工艺时，为活性炭中各种生物的滋生繁殖提供了良好的环境条件，生物的适宜生长期每年达到 8 个月以上。活性炭滤池中生物的过度繁殖会导致生物穿透或泄漏，进入出厂水，并通过城市供水管网进入用户家中，对饮用水安全产生严重的影响。目前发现的臭氧活性炭生物安全性问题包括微生物安全性问题和水生生物安全性问题两个方面，通过生物安全风险控制技术，可以有效解决湿热地区采用臭氧活性炭工艺而产生的生物安全性问题。

1. 工程名称

梅林水厂生物安全控制示范工程。

2. 工程背景

梅林水厂设计供水规模为 60 万 m^3/d，是目前深圳市供水规模最大的一座水厂，也是最早实施深度处理工艺的水厂，以深圳水库水作为主要水源，并以来自东江的东部引水作为补充，原水水质总体上处于 Ⅱ、Ⅲ 类水体之间，于 1994 年、1996 年分别完成第一、二期工程的建设，以常规处理工艺向福田区的市民提供饮用水。2005 年 6 月 30 日，梅林水厂深度处理工艺正式投入运行，在运行不到 1 年后的 2006 年 3 月底，即发现了活性炭滤池剑水蚤、猛水蚤等甲壳类浮游动物在净水系统中二次繁殖后穿透炭层进入出厂水中等问题，影响饮用水水质安全。

3. 工程概况

梅林水厂生物安全控制示范工程是为了解决深度处理过程中的生物安全问题而建设的，具体工艺流程如图 4-7 所示。

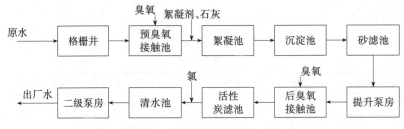

图 4-7 梅林水厂工艺流程图

其主要设计参数为：预臭氧接触池接触时间 4min，设计水深 6.0m，臭氧设计投加量 0.5～1.5mg/L。机械混合池水力停留时间 60s，折板絮凝池反应时间 14.32min。平流沉淀池水平流速 16mm/s，总停留时间 1.6h。V 型滤池设计滤速 8.37m/h，滤料为均质石英砂，粒径 0.8～1.2mm，砂层厚 1.5m，反冲洗方式为三段式气水联合反冲洗。主臭氧接触池接触时间 10.6min，臭氧设计投加量 2～2.5mg/L，水中剩余臭氧浓度控制在

0.2mg/L 左右。活性炭滤池选用 V 型滤池，设计滤速 10.9m/h，接触时间 11.3min，采用柱形煤质活性炭，直径 1.5mm，长度 2～3mm，厚度 2.0m。

针对生物安全问题，梅林水厂主要的技术措施及工艺改造包括：

（1）交替预氧化生物灭活系统

在原来臭氧预氧化的基础上增加预氯化，主要用来灭活原水中的活体微型动物，投加点设置在预臭氧后的配水井内，投加量一般在 0.6～1.0mg/L 之间，与预臭氧投加切换运行，实现交替预氧化。

（2）强化反应沉淀生物去除系统

为了提高混凝沉淀对微型动物的去除效果，对反应池过流孔进行了优化设计，根据设计对絮凝池的折板进行了整体的更新改造，改造后的絮凝池优化了水力条件，提升了混凝效率，保证了沉后水水质的稳定，也有利于防止微型动物对后续制水工艺的渗透。

（3）砂滤池冲击式生物灭活去除系统

在砂滤池增加反冲洗加氯装置，既可用于含氯水反冲洗，也可用于含氯水浸泡滤池，达到灭活和抑制微型动物在砂滤池内繁殖的目的。从实际的监测数据来看，反冲洗加氯是抑制水蚤过度繁殖非常有效的手段。

（4）活性炭滤池冲击式生物灭活与去除系统

在活性炭滤池增加反冲洗加氯和加氨装置，通过间歇性反冲洗加氯，达到去除微型动物及抑制其繁殖的目的；氨水浸泡能够有效灭活活性炭滤池中的活体生物。系统根据活性炭滤池出水微型动物监测情况启动。

（5）活性炭滤池炭层砂垫层生物拦截

为了控制活性炭滤池中的微型动物穿透进入出厂水，在活性炭滤池的炭层和承托层之间加铺了 30cm 的砂垫层。

（6）活性炭滤池出水堰生物拦截网

活性炭滤池出水堰拦截网是保证出厂水生物安全性的最后一道屏障，网体采用 200 目的不锈钢网，拦截网对水蚤类微型动物有明显的拦截作用，很好地保障了出厂水水质。

（7）活性炭滤池生物预警监测系统

为了监测活性炭滤池内水蚤的繁殖情况，利用池壁测压管系统对每个活性炭滤池都建立了单独的水蚤挂网监测装置，由化验室出具检测数据，为启动相应的控制措施提供了依据。

4. 应用效果

梅林水厂示范工程改造于 2010 年 3 月前全部完成并投产使用，出厂水浊度基本稳定在 0.05NTU 左右，水中 2μm 以上颗粒数基本控制在 50 个/mL 以下；嗅味物质的嗅阈值降低 80% 以上，色度均能稳定在 5 度以下；对 COD_{Mn} 的去除率为 11%～67%，对 TOC 的去除率可达 37%；细菌数和总大肠菌群数等微生物指标经过加氯消毒工艺完全可以达到水质标准。

出厂水中微型动物密度得到有效控制，出厂水中微型动物密度一直维持在 ≤0.002ind./L 的水平，远低于设定的控制目标 0.05ind./L。

5. 工程特色

梅林水厂针对剑水蚤等微型动物在净水系统中滋生繁殖的问题，采取了包括微型动物监测预警技术及交替预氧化、活性炭滤池和砂滤池生物拦截等多层级屏障组成的全流程综合预防控制技术，基于深度处理工艺生物风险的来源及变化规律，通过建立生物风险的监测方法和预警体系，根据风险的类型和级别，启动由交替预氧化、强化混凝以及活性炭滤池和砂滤池生物拦截灭活等组成的全流程生物控制技术体系的不同环节，达到了保障水厂出厂水生物安全性的目标。

4.2.6　解决经济或场地受限的短流程深度处理工程案例

对于水源受到有机物和氨氮污染的水厂，传统的解决思路是加长净水处理工艺流程，即在常规处理工艺前后分别增加预处理工艺和深度处理工艺。但是，对于水源水只是轻度污染或季节性污染，或是受到经济条件或场地条件限制的水厂，如果采用加长净水处理工艺流程的方法，则存在基建费用和运行费用高、占地面积大、运行管理复杂等困难，在很多水厂难以实现。采用炭砂滤池短流程深度处理技术，用炭砂滤池来替代常规处理工艺中的石英砂滤池，不需要在水厂增加新的处理构筑物，基建费用低，且炭砂滤池和石英砂滤池的运行方式差别不大，运行费用低，管理难度小，在工程上非常容易实现。

案例一：

1. 工程名称

东莞市第二水厂短流程深度处理改造工程。

2. 工程背景

东莞市第二水厂是东莞市历史比较长的老型水厂，设计供水量为18万 m^3/d，采用常规处理工艺，包括混凝、沉淀、过滤和消毒。东莞市第二水厂的水源是东江，其在雨季容易受到东莞运河排洪和上游污染物的影响，出水在氨氮、臭和味指标方面还有明显问题。而且，水厂投药量比较大，过滤周期短，超负荷运转，耗能高。为了满足《生活饮用水卫生标准》GB 5749—2006 的要求，同是也为东莞数目众多的其他类似水厂改造提供样板，东莞市东江水务有限公司决定选择第二水厂作为示范工程，集中示范新型技术。

3. 工程概况

东莞市第二水厂短流程深度处理改造示范工程设计规模为1万 m^3/d，位于东莞市东城区梨川周屋围街，改造重点是现有水厂石英砂滤池，在水厂石英砂滤池中选择2个，一个进行炭砂滤池的改造，另一个进行曝气炭砂滤池的改造，每个滤池的处理水量为5000m^3/d，分为两格活性炭-石英砂双层滤池，滤池配备有滤层空气曝气系统。水厂现有石英砂滤池的石英砂粒径为 0.8～1.3mm，滤层厚 0.7m；滤池滤速为 6.4m/h；反冲洗方式为气水联合反冲洗。改造内容如下：

（1）炭砂滤池改造方案

滤料改为石英砂和活性炭，石英砂粒径为 0.5～1.0mm，$K_{80}<2.0$，厚度 0.4m；活性炭粒径为 8×30 目，$K_{80}<2.0$，采用煤质压块破碎炭，厚度 1m。改造后的滤池为恒速变水头过滤，滤池新增进水堰，单独从水面上进水，即以跌水的方式进水，采用碳钢材质。改造滤池出水系统，新增出水溢流堰，使之可以保证反冲洗后滤池水位高于滤料表面，溢流堰上边缘高于滤池内滤料表面 0.1m，采用碳钢材质。

（2）曝气炭砂滤池改造方案

在上述炭砂滤池改造的基础上，在炭层增设曝气头和曝气管，通过鼓风机向滤池内曝气。滤池的滤层内设置曝气设施，设置在炭层表面下方 0.6m 处，即曝气下方有 0.4m 的炭层和 0.4m 的砂层。曝气头选用微孔曝气器，沿排水槽布置曝气干管，按过滤面积均匀布置曝气竖支管。气水比范围为 0.05～0.30。曝气设施仅在水中溶解氧不足时使用，主要是在夏季的排洪期。

4. 应用效果

东莞市第二水厂短流程深度处理改造工程于 2012 年 6 月完成建设并投入使用，运行至今，运转正常、稳定，改造工程增加的运行成本≤0.10 元/m^3，处理后的水质达到了《生活饮用水卫生标准》GB 5749—2006 的要求。其出水浊度均值为 0.17NTU，石英砂滤池出水浊度均值为 0.18NTU，炭砂滤池和石英砂滤池对浊度的去除效果相似。炭砂滤池运行达到滤层生物活性稳定后，在待滤水氨氮平均浓度为 0.35mg/L 时，炭砂滤池出水氨氮浓度在 0.05mg/L 以下，亚硝酸盐氮无检出，去除效果与石英砂滤池差别不大。在前三个月的运行过程中，炭砂滤池对 COD_{Mn} 和 UV_{254} 的平均去除率分别为 56% 和 77%，而石英砂滤池对 COD_{Mn} 的平均去除率约为 17%，对 UV_{254} 基本无去除，炭砂滤池的运行效果明显优于石英砂滤池，实现了短流程深度处理的目的。

5. 工程特色

采用炭砂滤池短流程深度处理技术，基建费用低，且炭砂滤池和石英砂滤池的运行方式差别不大，运行费用低，管理难度小，在工程上非常容易实现，因此在我国自来水厂的升级改造中有着广阔的应用前景。开发占地面积小，可以同时去除有机物和氨氮的炭砂滤池短流程深度处理技术，在我国有着重要的实用价值。

案例二:

1. 工程名称

深圳市沙头角水厂示范工程。

2. 工程背景

沙头角水厂位于深圳市盐田区，始建于 1994 年，设计供水能力 4 万 m^3/d，原采用常规处理工艺（见图 4-8），供水范围 4.4km^2，服务人口约 16 万人。

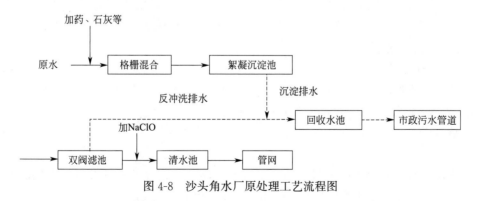

图 4-8　沙头角水厂原处理工艺流程图

沙头角水厂原水水质总体达到了《地表水环境质量标准》GB 3838—2002 中 Ⅱ 类水体标准，但存在季节性的浊度、藻类、微生物等升高问题。经原有工艺处理后沙头角水厂的出厂水可以达到《生活饮用水卫生标准》GB 5749—2006 的要求，但仍存在以下隐患：

（1）由于原水碱度和硬度低，导致出水水质的化学稳定性差。近几年水厂原水总硬度为 40～50mg/L（CaCO₃），总碱度为 20～30mg/L（CaCO₃），管网水具有较强的腐蚀性，普遍存在红水问题。

（2）水源季节性高藻导致异嗅异味问题突出。原水藻类含量较高，特别是季节性高藻问题明显，一定程度上影响净水工艺运行，更重要的是引起臭味，影响感观。

（3）对有机污染物的去除能力不足，存在潜在的有机化学性风险。虽然水厂原水和出厂水的 COD$_{Mn}$ 和 TOC 等有机物指标均低于国家现行的饮用水水质标准限值，但随着检测技术的发展，越来越多的新型污染物被检出，如 PPCPs（药品和个人护理用品）已经污染饮用水源，存在潜在的化学性安全风险。

（4）对微生物安全保障能力和水平相对比较薄弱。深圳市处于我国亚热带地区，是典型的高温湿热气候，常年高水温导致微生物含量较高。目前从浊度、细菌、"两虫"和水生生物等指标来看，虽然水厂出水水质满足现行水质标准要求，但仍然存在一定的微生物安全风险。

（5）沙头角水厂为多水源供水，部分水源受气候、天气等环境因素影响很大，而原有工艺应对水源水质突变的能力较弱。水厂水源水质突变可能性大，如雨洪季节，浊度、重金属等指标大幅度提高；4—10 月期间，水生生物大量滋生，供水水质安全保障压力大。

3. 工程概况

针对沙头角水厂存在的问题，为保障沙头角片区居民饮用水安全，配合市政府完成创建盐田生态文明示范区的宏伟目标，2012 年，深圳市水务（集团）有限公司投资近 5000万元对沙头角水厂进行深度处理工艺改造，采用以活性炭滤池为核心技术、以超滤膜为最后屏障的短流程深度处理工艺，改造后的水厂工艺流程如图 4-9 所示。

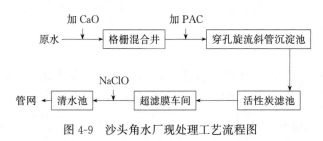

图 4-9　沙头角水厂现处理工艺流程图

主要工程设计参数如下：

（1）活性炭滤池

1）滤板。更换滤板并对池体进行修补。滤板单块平面尺寸为 1256mm×965mm，厚度 100mm，每座滤池共 20 块，布置方式与现状保持一致。

2）承托层。承托层粒径级配为 2～4mm 和 4～8mm，各层厚度均为 50mm，共 100mm。

3）炭层。现排水槽顶距滤料面的高度为 1.10m，考虑炭膨胀率 35%，炭层高度确定为 1.05m。滤池正常过滤速度为 7.16m/h，空床接触时间为 8.7min。

4）反冲洗。活性炭滤池单独水反冲洗周期为 1～3d。气水联合反冲洗周期为 24d，气冲强度 55～57m³/(m²·h)，气冲时间 2～3min；水冲强度 25～29m³/(m²·h)，水冲时间 5～10min。

（2）超滤膜车间

超滤膜车间采用压力式超滤膜，膜设计水通量 70L/($m^2 \cdot$ h)。进水调节池和超滤膜车间合建以节省用地。地下层为进水调节池，地上一层为膜组及进水泵、反冲洗泵、废水泵等设备间，二层为膜清洗药品及控制、电气设备间，占地面积 21m×27m。

4. 应用效果

在新工艺流程中，利用活性炭的吸附与生物降解作用解决水的嗅味和微量有机物问题，并利用超滤有效去除水中的大分子有机物、胶体颗粒、藻类等微型动物以及微生物，极大地提高微污染水源地区水的纯净度及微生物安全保障水平，提高出厂水碱度和水质的化学稳定性。

改造后水厂出水水质相对原工艺更加稳定，浊度、余氯、耗氧量等指标明显优于改造前。在常规处理工艺条件下，出厂水偶有水蚤检出，最高值为 2 个/100L，深度处理改造后，出厂水水蚤个数一直为 0 个/100L。工艺出水所有的水质指标均优于《生活饮用水卫生标准》GB 5749—2006 的有关标准，出水水质安全可靠。

5. 工程特色

沙头角水厂作为盐田片区第一座深度处理水厂，供水范围覆盖整个沙头角片区，在常规处理工艺基础上，增加了"活性炭＋超滤膜"深度处理工艺，对水质指标有了较大幅度的提升，具体表现在：TOC、嗅味物质、UV_{254} 等的去除率提高了 10％～20％，抗生素的去除率可提高到 40％～60％，浊度等感官指标的去除率可提高达 15％，提升了水厂应对水源水质突变的抗风险能力，有效保障了原水经净化、消毒处理后的出厂水水质的安全、稳定、优质、可靠，即各项水质指标均能满足并严于深圳市地方标准《生活饮用水水质标准》DB4403/T 60—2020 规定的限值要求，这成为推进盐田区自来水直饮的先决条件，实现了深圳饮用水安全保障工作从"安全饮水"到"优质饮水"的突破和升华。

第5章 深度处理工艺运行管理实例

5.1 臭氧氧化运行管理实例

5.1.1 主臭氧接触池曝气盘维护保养

1. 背景描述

某水厂主臭氧接触池现场观察发现曝气盘产生的气泡偏大，分布也不均匀，曝气盘两侧肉眼可见深黄褐色的黏附物，水中余臭氧浓度时大时小。

2. 原因分析

主臭氧接触池微孔曝气盘因长期使用导致上面大量微孔被杂质所堵塞，无法有效均匀曝气，曝气效率大为下降。

3. 解决方案及实施要点

水厂停运深度处理单元，将曝气盘拆卸，采用三组不同清洗剂做试验，第一组清洗剂由1：1的浓硝酸和水组成，第二组清洗剂是68%的浓硝酸，第三组清洗剂是31%的浓盐酸。在浸泡4h后，三组曝气盘盘面都比较干净，但对于曝气盘两侧的杂质，第一、二组均未清除，只是颜色变为灰黑色，且不易洗掉，第三组大部分都能溶解掉，剩下一小块也很容易人工洗掉。最终选择了浓盐酸（31%）为浸泡用的清洗剂。浸泡工作完成后，采用大量清水进行冲洗，个别堵塞严重的曝气盘需再配以人工刷洗，待曝气盘清洗干净后，利用压缩空气在水中进行模拟曝气时，却发现曝气盘清洗前后的曝气效果并没有明显改善，经多次分析和尝试后，最终发现对清洗后的曝气盘用高压空气吹扫，其曝气效果立即提升。这也是整个清洗过程中必要且关键的一环，采用高压空气吹扫（约30s）可以去除部分卡在曝气盘的微孔杂质，提升曝气效果。

4. 应用效果总结

试验表明采用浓盐酸的清洗维护方法有效可行，全部曝气盘（共364块）均恢复至九成新，清洗后的曝气盘安装回去后，用空气曝气，曝气效果明显提升，气泡更加均匀细密；臭氧吸收效率大幅度提高，当臭氧投加量均为1mg/L时，曝气盘清洗前后尾气中臭氧的含量相差较大，检测数据见表5-1。

曝气盘清洗前后尾气中臭氧含量   表 5-1

检测次数	清洗前尾气中臭氧浓度（mg/m³）	清洗后尾气中臭氧浓度（mg/m³）
一	12.4	1.32
二	12.5	1.88
三	9.5	2.09

此外，为确保主臭氧投加效率，建议应定期观察主臭氧接触池内布气是否均匀，判断曝气盘是否需要拆卸清洗。

5.1.2　臭氧尾气处理器催化剂失效解决方案

1. 背景描述

某水厂臭氧系统为国外进口，尾气处理采用催化剂型臭氧处理器，该系统自 2007 年投运以来一直使用系统原装的进口催化剂。2009 年某日该厂操作人员巡检经过主臭氧接触池附近时突然闻到很浓的臭氧味道，遂紧急停机检查。

2. 原因分析

操作人员穿戴好呼吸装备等防护装备后，重新开机运行并组织水厂相关人员对主臭氧接触池附近池顶设备进行详细检查，对泄漏范围内臭氧尾气浓度进行了测试，最终检测出尾气处理器出口浓度严重超标，经联系原系统供应商后判断催化剂已经失效。

3. 解决方案及实施要点

由于该水厂臭氧尾气处理系统为国外进口，催化剂并没有备品备件，紧急订货周期长、价格太高（报价 1100 元/kg，供应商给优惠到 1000 元/kg），而且使用期限也只有 2 年左右，因此水厂尝试采用国产催化剂替代。

经厂家对国内臭氧设备生产商进行技术咨询及询价对比，最终购置了某国产品牌催化剂，价格为 220 元/kg，厂家负责更换替代。更换国产品牌催化剂后对臭氧尾气进行检测：尾气处理器出口浓度稳定在 $0.08\sim0.12\text{mg/m}^3$（因系统设计及仪表配置原因入口浓度无法测量），满足正常运行需要。该水厂经过数月的跟踪监测，一直运行正常。后期预臭氧维护时也采用国产品牌催化剂。

2 年以后，水厂趁某次系统检修，考虑系统运行安全稳定，顺便更换了催化剂，仍然采用该国产品牌催化剂。截至目前都是每 2 年左右更换一次主臭氧尾气破坏催化剂，每 4 年左右更换一次预臭氧尾气破坏催化剂，设备运行良好。

4. 应用效果总结

该水厂十多年的运行经验表明，国产催化剂完全可以代替进口催化剂使用，使用没有明显差异，价格也更经济，但应注意筛查选择供应商。另外，预臭氧处理的臭氧尾气处理器催化剂的更换时间可以适当延长。

5.1.3　臭氧发生器放电管发黄解决方案

1. 背景描述

某水厂共有三台臭氧发生器，其中 3 号臭氧发生器在运行了 5 年后，其放电管发黄，且运行时有 30% 的放电管不亮。

2. 原因分析

放电管发黄主要是由于臭氧发生器受潮造成的：一是氧气源露点偏高，达不到要求；二是主臭氧接触池曝气盘内的潮气进入臭氧发生器内。臭氧发生器在工作时，会加入少量的氮气，在气源露点达不到要求时，氮气和氧气在电离时会发生反应产生氮氧化物，并在潮湿环境中进一步形成硝酸，附着在放电管表面生成黄褐色物质，它会腐蚀放电管，导致放电管损坏。该水厂另外两台臭氧发生器运行正常，并未出现上述状况，就此可以排除气源露点偏高的原因。3 号臭氧发生器因配电系统故障停用较长时间，有湿气进入其内，恢复运行前氧气吹扫不够彻底，其内仍有湿气，造成放电管发黄。

3. 解决方案及实施要点

为确保臭氧发生器的正常运行，需对 3 号臭氧发生器进行揭盖大修。由于臭氧发生器维护的特殊性，交由厂家进行揭盖大修，主要包括臭氧发生器开盖及保险丝检测、放电管进行高压测试；对放电管以及臭氧发生器进行清洗；更换新的保险丝及放电管；对更换后的放电管进行高压测试；臭氧发生器封盖并开机运行。

臭氧发生器揭盖前需安装加热循环装置，以确保臭氧发生器内干燥。揭盖后，分批取出 1152 根放电管，清洗并吹干，检测放电管，检测出损坏放电管共 24 根，损坏率 2.08%，检测出保险丝损坏 87 根，占总量的 30%。将清洁干净且检测完好的放电管安装入臭氧发生器内，安装保险丝，更换臭氧发生器密封环，封盖，整个维护过程加热循环装置必须 24h 不间断运行。进行耐压测试，检查密闭性。耐压测试通过后，通入氧气对臭氧发生器进行吹扫，吹扫 12h 以上，且对臭氧发生器吹扫后的露点进行在线检测，露点值小于−65℃。吹扫达标后，臭氧发生器进入试运行阶段，对相关运行数据进行检测。

4. 应用效果总结

臭氧发生器的揭盖大修建议委托专业厂家进行，设备需要专业人员和专用工具以确保维护后的效果达到预期目的。臭氧发生器停用较长时间后再次运行前，必须用氧气充分吹扫，以去除臭氧发生器内的潮气，确保运行前露点符合规定要求。发现臭氧发生器放电管大面积发黄的情况，应及时申请揭盖大修，以防放电管大面积损坏。

5.1.4　预臭氧专用臭氧发生器故障解决方案

1. 背景描述

某水厂臭氧系统仅用于预臭氧投加，运行方式为间歇运行。每次开机运行时气量非常小，吹气几个小时后才会逐渐增大，臭氧发生器运行功率也是逐渐减小。臭氧发生器在运行了 2 年后，无法开机，发现有很多放电管损坏。

2. 原因分析

现场通气后发现在正常运行压力下气量显著减小，短时间增大压力到 0.15MPa 气量才逐渐上升。检查臭氧系统电源正常，开机报警提示放电管损坏过多。经了解气量都是开机时非常小、吹气几个小时后才会逐渐增大，臭氧发生器运行功率也是逐渐减小。

经现场检查臭氧接触池，判断曝气盘堵塞。对臭氧发生器进行开盖检查，发现约 20% 的放电单元熔断器损坏。结合现场情况，判断是因为原水中杂质较多，停机停气时原水中的杂质沉淀附着到曝气盘上，导致曝气盘有一定堵塞，开机持续吹扫可逐渐恢复。而堵塞后导致需要更高的压力才可满足工作气量，臭氧发生系统在原设定的自动工作状态下时要满足工作气量，就要适当增大工作压力，放电单元在高气压下工作负荷增大，放电管及熔断器逐个损坏，最终导致无法开机。

3. 解决方案及实施要点

臭氧发生器开盖，对放电管及熔断器进行检测，分拣出损坏器件，对放电管及臭氧发生器进行清洗，更换新的放电管及熔断器，装配后进行高压测试，测试合格后臭氧发生器封盖并开机运行，同时重新设置了臭氧发生器压力运行保护值；因水厂不能停止运行，无法对曝气盘拆卸清洗，只对曝气盘进行了 6h 的吹扫，曝气量基本与运行需要值相当。

4. 应用效果总结

预臭氧投加停用时，专用臭氧发生器应保持一定比例的小气量投加（不开启臭氧系统电源），避免曝气盘堵塞，或者在停用启动前对曝气盘进行 6h 以上的吹扫。臭氧发生器运行应保证稳定的工作压力，如果压力异常应及时检查原因，排除后再开机，超出额定工作压力运行极易导致放电管及熔断器损坏。

5.1.5　臭氧发生器放电管故障解决方案

1. 背景描述

某水厂臭氧系统共有 4 台进口品牌臭氧发生器，2 号臭氧发生器在运行了 6 年后，无法开机。

2. 原因分析

现场按照控制顺序启动开机程序后，开机报警、提示故障。检查臭氧系统电源无异常，现场对臭氧发生室进行高压检查，发现有短路故障，判断有放电单元损坏或击穿，导致无法开机。

3. 解决方案及实施要点

由于该臭氧发生器的放电单元为玻璃介质类型，分为两段，分别对这两段放电单元的罐体整体进行高压检测，其中一端完好，另一端短路。对短路端臭氧发生室开盖检查，发现放电单元无高压熔断器，因此只要有一根放电管出现故障，设备即无法开机，必须找到并摘下该损坏放电管更换后才能开机。首先对该端的放电单元进行分区，拆除各区之间的连接导电片，最终发现了 1 根损坏的放电管，拆除该放电管的高压连接后，进行高压测试，设备正常，判断该臭氧发生器总共损坏 1 根放电管，故障就是由该放电管引起的。由于该臭氧发生器已经运行 6 年，放电管上有严重积灰及污染，抽出该损坏的放电管非常不容易，并在拆出过程中意外碰碎 2 根紧挨着的放电管。更换 3 根新的放电管后，逐区进行高压检测，装配好所有高压导电连接后进行整体高压测试，测试合格后臭氧发生器封盖并开机，设备运行正常。

4. 应用效果总结

该进口品牌臭氧发生器的放电管较细，放电管间隙也非常小。虽然设备一直运行较稳定，但出现放电管故障维护时比较麻烦，需要有丰富经验的专业技术人员进行，并要小心不要因为维护损坏的放电管而损坏其他完好的放电管。

5.1.6　PLC 控制系统网络通信异常解决方案

1. 背景描述

某水厂臭氧发生器在运行了 3 年后，中控柜 PLC 关于后臭氧部分数据显示"＃＃＃＃"，各个启停控制设备没有反应。

2. 原因分析

根据自来水工程系统 P&ID 图（见图 5-1），中控柜 PLC 直接检测和控制的对象为气源、仪表及主管道上的检测点，臭氧发生器 PLC 检测和控制臭氧发生器整体，尾气分解器 PLC 检测和控制尾气分解器整体，前投加系统由前投加 PLC 检测和控制，后投加系统由后投加 PLC 检测和控制,以上控制系统要实现的功能均由通信方式完成,即各种开、关机指令均由中控柜 PLC 发送给通信网络中各相关站,各站 PLC 接到指令后内部执行。而各站 PLC 又将检测的工艺参数传送至中控柜 PLC,供中控柜 PLC 比较运算及中控柜人机界面显示。

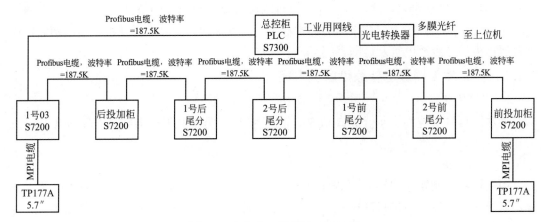

图 5-1   自来水工程系统 P&ID 图

由于各单元投加控制柜与中控柜之间通信距离较远(大于 100m),通信电缆布置在电缆沟内,长时间运行通信电缆、通信模块接线端子会出现氧化接触不良,CPU 或触摸屏通信口故障,以上情况都会导致 PLC 网络通信异常、数据丢失等故障。

3. 解决方案及实施要点

为确保 PLC 控制系统网络通信正常,使用源程序对各单元投加控制柜进行数据检测分析,同时检查 CPU 和触摸屏之间的连线是否松动,重新固定连接;故障仍然存在,将通信模块通信线的 RS485 接头重新做线连接;故障仍然存在,基本断定通信模块故障。更换通信模块后数据显示正常。

近几年,计算机的快速发展带动了网络通信的极速发展,OPC Server 等与计算机密切相连的通信协议快速兴起,纵观整个发展史,通信协议工业以太网通信逐渐成为主流,根据水厂自动化控制的要求,将臭氧系统内的 PLC 控制系统全部升级调整为工业以太网通信,运行 5 年来数据传输稳定,未出现因通信电缆、通信模块接线端子氧化接触不良而引发的通信异常。

4. 应用效果总结

臭氧系统内的 PLC 控制系统通信问题检修一般需要专业人员进行,设备需要专业自控人员和源程序以确保各关键控制点数据的显示、保护值的设定、各设备运行逻辑与连锁关系。在技术升级改进过程中考虑系统的兼容、性价比、降低运维费用、降低关键设备非故障停机时间。

5.1.7   臭氧发生器调节功率异常解决方案

1. 背景描述

某水厂臭氧系统共有 2 台臭氧发生器,已运行 3 年,其中臭氧发生器一直在接近最大功率运行,无法按照气量大致比例调节功率(气量约为额定值一半)。

2. 原因分析

现场检查臭氧发生室、臭氧系统电源、流量温度压力仪表，无异常，因此把检查重点放在臭氧浓度监测仪上。将臭氧系统切换到半自动模式，切断臭氧浓度监测仪的在线自动控制，并换用现场另一台臭氧发生器上的臭氧浓度监测仪，同时将故障的臭氧发生器切换为自动模式，设备运行正常，判断为臭氧浓度监测仪失灵或故障。

本设备故障与第 2 章 2.3.1 节的第 5 项问题非常接近。臭氧系统采用"恒定臭氧浓度，调节氧气流量"控制方式，根据水处理需要计算出臭氧需求量，按照设定的臭氧浓度，计算、调节出所需要的臭氧的气流量，驱动臭氧系统电源实现该流量和臭氧浓度下应运行的功率。如果臭氧浓度达不到，系统就再增加功率，最终接近满负荷功率。

3. 解决方案及实施要点

对臭氧浓度监测仪测量腔进行了必要的清洗及维护，恢复系统、切换到自动运行状态，系统基本恢复正常。由于臭氧系统已运行 3 年，建议用户在必要时将臭氧浓度监测仪送厂家维护保养。

4. 应用效果总结

按照第 2 章 2.3.1 节的第 5 项，臭氧系统采用"恒定臭氧浓度，调节氧气流量"控制方式时，依赖高测量精度、高稳定性的臭氧浓度监测仪。另外，控制系统还需按照第 2 章 2.3.1 节的第 5 项完善算法，并要求现场加强巡检及运行维护管理，发现异常及时与设备供应商联系，并在必要时及时切换至人工控制方式。

5.2　活性炭滤池运行管理实例

5.2.1　活性炭滤池滤料粒径变细解决方案

1. 背景描述

某水厂臭氧活性炭深度处理工艺已运行十余年，运行过程中发现，相比 1 号活性炭滤池保持 2.0m 正常液位运行，4 号及 7 号活性炭滤池过滤液位升高至 2.1m 高液位运行，检测活性炭滤池滤速，结果为 7 号活性炭滤池滤速 4.8m/h、4 号活性炭滤池滤速为 4.1m/h、1 号活性炭滤池滤速为 13.2m/h（过滤正常的滤池），4 号及 7 号活性炭滤池滤速明显低于正常滤池。另外，该水厂活性炭滤池一直存在反冲洗后初滤水浊度升高情况，最高可升至 2NTU，且需要 1.5～3h 才能降至 0.1NTU 左右，并可能对活性炭滤池总出水浊度造成影响。

为了查看活性炭滤池总体情况，在进水量为 12000m³/h，有 5 格活性炭滤池高液位运行且出水阀开度 100%，其余 3 格活性炭滤池出水阀开度 70% 以上时，活性炭滤池陆续出现水头损失升高的情况。

2. 原因分析

由于活性炭滤料粒径变细导致过滤水头损失及初滤水浊度升高。

3. 解决方案及实施要点

针对初滤水浊度升高的问题，该水厂采取延长初滤水排放时间及沉淀时间，并采取对活性炭滤池、砂滤池穿插反冲洗的方式，待活性炭滤池出水浊度稳定后，再反冲洗下一格活性炭滤池，保证出厂水浊度。针对过滤水头损失升高的问题，先后两次刮除活性炭滤池表层以下 20～25cm 碎炭，效果不明显，只能将活性炭滤池滤料全部挖出更换新活性炭解决。

4. 应用效果总结

（1）生产过程中，加强对单格滤池的过滤水头损失、初滤水浊度、出水阀门开度等参数的跟踪，及时发现异常情况并处置，保证活性炭滤池正常运行。

（2）每年需定期取炭样送专业机构检测，掌握活性炭性能参数变化情况。

（3）当活性炭滤料的强度低于 80％时，须对活性炭滤料进行全部更换。

5.2.2　活性炭滤池滤料更换期间的水质保障方案

1. 背景描述

某水厂臭氧活性炭深度处理工艺于 2005 年 6 月投入运行，已运行十余年。活性炭滤料强度减弱、吸附能力降低等问题日益突出，2016 年 12 月—2018 年 1 月，分 2 批完成了所有活性炭滤池的滤料更换。

2. 解决方案及实施要点

该水厂在运行管理中采用 HACCP（危害分析及关键控制点）理念进行风险管控，在更换活性炭前期就开始关注更换活性炭期间所有可能存在的潜在危害，其中与水质安全直接相关的危害，通过编制危害分析表与 CCP 计划表进行识别并控制；与水质不直接相关，但与环境卫生、设备设施维修保养、良好生产规范、应急预案相关的危害，则通过前提计划进行控制。

根据 HACCP 理念，在更换活性炭过程中，与水质直接相关的危害主要是来自原材料即活性炭的危害，其危害分析表见表 5-2。

活性炭滤池滤料更换期间水质危害分析表　　　　　　　　　　　表 5-2

(1)原材料/工艺步骤		(2)本步引入、受控或增加危害和潜在危害	可能性×严重性	风险分值	(3)潜在危害是否显著	(4)对(3)的判断提出依据	(5)危害预防控制措施	(6)是否 CCP 点
颗粒活性炭	生物	无	—	—				
	化学	铝偏高	3×4	12	是	化工合成，工艺带入；如超标，易溶解到水体中，导致水体污染	新活性炭使用初期进行专门的反冲洗和浸泡处理，直至过滤水余铝值达标	CCP
		pH 偏高	3×3	9	是	化工合成，工艺带入，易导致出水水质超标	新活性炭使用初期进行专门的反冲洗和浸泡处理，直至过滤水 pH 达标	
	物理	浊度	5×1	5	否	新活性炭带入的炭粉末，或使用多年的旧性活性炭的破碎，导致活性炭滤池出水浊度受影响	新活性炭使用初期进行专门的反冲洗处理，旧活性炭考虑对破碎炭进行更换	

注：风险分值≥9，为显著危害。非显著危害，通过前提方案可控制；显著危害，由 HACCP 计划控制。

通过对活性炭进行危害分析和评估，其生物和物理危害几乎没有，化学危害主要是铝偏高和 pH 偏高，预防监控手段见表 5-3。

颗粒活性炭 CCP 计划表   表 5-3

关键控制点	显著的危害	关键限值	监控				纠偏行动	记录	验证
			对象	方法	频率	监控者			
颗粒活性炭	铝偏高	铝≤0.15mg/L	每格活性炭滤池反冲洗水	化验室人工检测	反冲洗前、后取样检测	化验员	采用浸泡法或稀释法降低活性炭滤池出水铝的浓度,直至低于关键限值	活性炭滤池反冲洗余铝检测记录	1. 纠偏后活性炭滤池出水检测恢复正常; 2. 工艺主管道定期查看检测记录
	pH偏高	pH≤8.5	每格活性炭滤池反冲洗水	化验室人工检测	反冲洗前、后取样检测	化验员	加强浸泡、反冲洗,当 pH≤8.5 时,启动运行	活性炭滤池出水水质记录表	1. 纠偏后活性炭滤池出水检测恢复正常; 2. 工艺主管道定期查看检测记录

新活性炭表面含有较多的碱性化合物，对 pH 升高起到主要作用，且由于制作工艺的原因铝指标也异常偏高，新活性炭滤池的浸泡水、反冲洗水 pH、铝检测指标具体数据见表 5-4。

新活性炭滤池出水的 pH 及铝指标   表 5-4

指标	1号活性炭滤池出水	2号活性炭滤池出水	3号活性炭滤池出水	4号活性炭滤池出水	现行国家标准 GB 5749—2006 值
pH	>9.6	>9.6	>9.6	>9.6	6.5~8.5
铝(mg/L)	3.0	2.7	3.2	3.3	0.2

为使铝值和 pH 尽快降低至关键限值，在调试过程中水厂根据 CCP 计划表主要采取了浸泡和反冲洗两种方式。

（1）反复反冲洗＋浸泡

活性炭滤池更换完滤料后，每天上午、下午分别对活性炭滤池进行一次手动反冲洗，每次反冲洗结束后，打开进水，使其没过活性炭滤料对活性炭滤池进行持续浸泡。反冲洗频率 2 次/d，铝值约 7d 可达到关键限值，pH 则需 10d 左右才能达到关键限值。

保持反冲洗强度不变，将反冲洗频率提高为 3 次/d，所测得的 pH 和铝值降低至目标值同样需要 10d 左右，因此，提高反冲洗频率对加速 pH、铝值的降低意义不大。

（2）间歇浸泡

除了反冲洗试验，水厂也曾采用间歇浸泡的方式，即在每日反冲洗 2 次后，将此活性炭滤池浸泡水排空。此方法一方面使湿润的活性炭吸附空气中的 CO_2 消耗其表面碱性化合物，另一方面能够将浸泡析出的金属铝更彻底地排出池体。但由于活性炭滤池深、操作时间长、排水量大，此种操作仅作为辅助操作方法，一般用于调试的前 3d，可迅速将 pH

降低至 9.6 以内，可将新活性炭滤料浸泡冲洗时间整体缩短到 7d 左右。

3. 应用效果总结

（1）该水厂通过 HACCP 管控体系对更换活性炭期间的各个环节进行危害分析，找出关键控制点为"颗粒活性炭"，及早发现其 pH、铝的风险，确定关键限值（铝≤0.15mg/L，pH≤8.5），并制定科学合理的监控措施、危害预防控制措施、记录体系和验证程序，有效提高了更换活性炭期间的供水水质安全保障。

（2）该水厂通过生产调试和数据积累，优化反冲洗（强度、时间段、频率等），再辅助配合排水操作，7～10d 可使 pH、铝值降低至关键限值以下，能够保障更换活性炭期间的水质安全稳定。

（3）活性炭滤池更换滤料时，宜按不高于活性炭滤池格数 15% 的比例分批进行更换，并要在已更换滤料的活性炭滤池正常运行后方可进行其他活性炭滤池的滤料更换。此外，水厂在更换活性炭后应有针对性地加强对新活性炭滤池运行情况的监测，并可与旧活性炭滤池进行同步取样对比，这对全面准确地掌握和评判现有深度处理工艺的运行效果具有重要意义。

5.2.3　活性炭滤池桡足类（剑水蚤）繁殖解决方案

1. 背景描述

某南方水厂臭氧活性炭深度处理工艺于 2005 年 9 月开始投入运行，于 2006 年夏天发现每个制水工艺段均有桡足类（剑水蚤）出现，尤其以活性炭滤池为甚，并且去除困难，影响生产。

2. 原因分析

桡足类（剑水蚤）属于水生甲壳类浮游生物，在南方湿热地区的水体中广泛存在，能通过原水进入到水厂的制水流程中。在常规处理工艺段，桡足类（剑水蚤）虽然可以生存但很难成为优势物种，而且比较容易从制水流程中清除，这也是常规处理水厂不容易爆发桡足类（剑水蚤）的原因。但在深度处理的活性炭滤池，环境适宜的情况下，桡足类（剑水蚤）极易繁殖成为优势物种，主要有四个方面的原因：一是臭氧会灭活水中一部分水生生物；二是活性炭滤池待滤水中含氧量丰富；三是臭氧氧化后的水可生化性提高；四是活性炭滤料之间的松散结构适合桡足类（剑水蚤）生长繁殖。考虑到该水厂自开始启用深度处理后一直全天候投加臭氧，导致桡足类（剑水蚤）爆发，加上无任何预防措施，以至极难在短时间内清除。

3. 解决方案及实施要点

该水厂于 2006 年桡足类（剑水蚤）爆发后采取了一系列应急处置措施，主要包括：（1）停运深度处理；（2）活性炭滤池底部加铺 30cm 砂垫层（减少桡足类（剑水蚤）穿透）；（3）炭滤后出水增加 200 目拦截网装置；（4）在水反冲洗管道上加装加氯装置，对活性炭滤池进行含氯水浸泡、反冲洗。

在桡足类（剑水蚤）繁殖情况整体可控之后，该水厂采用 HACCP 管控手段，将桡足类（剑水蚤）繁殖列入活性炭滤池潜在危害，对其进行危害分析，通过编制危害分析表与 CCP 计划表进行识别并控制，通过该体系将桡足类（剑水蚤）控制纳入到日常运行管理中，将桡足类（剑水蚤）繁殖应急处置转为日常预防控制。

根据活性炭滤池危害分析表，活性炭滤池在运行中存在生物方面的风险，风险等级为12，为显著风险，列为水厂 CCP 点。HACCP 危害分析表见表 5-5，HACCP 行动计划见表 5-6。

活性炭滤池桡足类（剑水蚤）繁殖危害分析表　　　表 5-5

(1)工艺步骤	(2)本步引入、受控或增加危害和潜在危害	可能性×严重性	风险分值	(3)潜在危害是否显著	(4)对(3)的判断提出依据	(5)危害预防控制措施(可操作性原则)	(6)是否 CCP
活性炭滤池过滤	生物　桡足类（剑水蚤）繁殖	4×3	12	是	水体富营养，导致桡足类生物繁殖	1. 日挂网监测； 2. 如发现桡足类生物繁殖，活性炭滤池反冲洗水加氯或次氯酸钠，严重的活性炭滤池用含氯水浸泡； 3. 必要时停加主臭氧； 4. 增加拦截网的清洗频次	CCP

注：风险分值≥9，为显著危害。非显著危害，通过前提方案可控制；显著危害，由 HACCP 计划控制。

HACCP 行动计划　　　表 5-6

关键控制点(CCP)	显著的危害	关键限值(CL)	监控				纠偏行动	记录	验证
			对象	方法	频率	监控者			
活性炭滤池 CCP	桡足类（剑水蚤）繁殖	不得检出活体，且桡足类生物体总数<1个/20L	每格活性炭滤池出水取样管	化验室人工检测	每周2次	化验员、运行员工	1. 反冲洗水加氯； 2. 对严重的活性炭滤池进行含氯水浸泡； 3. 预氯化取代预氧化，必要时停止主臭氧投加； 4. 增加拦截网的清洗频次	活性炭滤池桡足类（剑水蚤）检测记录	1. 纠偏后活性炭滤池出水检测恢复正常； 2. 工艺主管每周查看检测记录

根据 HACCP 行动计划，水厂制定了详细的预防措施：①应加强常规处理工艺和设施管理，控制微生物来源；②当出现微生物泄漏时，宜停止活性炭滤池反冲洗水回用；③预氯化取代预氧化，必要时，停止主臭氧的投加；④加强活性炭滤池出水拦截网清洗频次；⑤当检测到活性炭滤池总出水中有活体桡足类（剑水蚤）出现，或总密度增加时，应对每个活性炭滤池挂网监测，找到桡足类（剑水蚤）密度异常的活性炭滤池，采取特定措施进行处理。反冲洗加氯时可根据桡足类（剑水蚤）繁殖情况，控制反冲洗加氯量范围为 1～3mg/L，必要时采用加药剂浸泡的方式，浸泡方法参见表 2-12。如果采取以上措施不能有效控制甲壳类浮游动物，应对污染严重的活性炭滤池进行停产，防止泄漏。

4. 应用效果总结

将 HACCP 理念应用于活性炭滤池桡足类（剑水蚤）繁殖的控制中，对每格活性炭滤池出水都增加了挂网监测，提升了监控手段和力度，使得对桡足类（剑水蚤）的控制有的放矢、高效合理，有效防止了桡足类（剑水蚤）再次大面积爆发，使桡足类（剑水蚤）繁殖的风险降至最小，真正实现了预防为主。水厂形成了较为系统的桡足类（剑水蚤）控制措施，大大提高了应对的反应速度，生产更加稳定。

5.2.4　出厂水 pH 偏低后加碱解决方案

1. 背景描述

某水厂是一家采用臭氧活性炭工艺进行深度处理的水厂，设计规模为 50 万 m^3/d，该水厂工艺流程为：原水→格栅间→取水泵房→预臭氧接触池→配水井→网格絮凝池→平流沉淀池→V 型砂滤池→主臭氧接触池＋活性炭普通快滤池→下叠消毒接触池→下叠清水池→送水泵房。

原水取自河流地表水，其 pH 在 6.9～7.1 范围内，碱度在 20～40mg/L（以碳酸钙计）之间，属低矿化度、低碱度、偏酸性原水。原水经常规处理工艺处理后，进入臭氧活性炭深度处理工艺，主臭氧接触池出水 pH 为 6.8，活性炭滤池滤后出水 pH 进一步降低，为 6.6～6.7，需提升活性炭滤池出水 pH，将出厂水 pH 控制在 7.2 左右。

2. 解决方案及实施要点

前投加石灰受活性炭生物膜的影响，活性炭吸附滤后出水 pH 进一步降低，很难大幅度调高出厂水的 pH，经生产试验后发现要将出厂水的 pH 调至 7.2 左右，则沉后水的 pH 至少应在 8.3 以上，此时烧杯试验石灰投加量约为 6.0mg/L，这样大量地投加石灰造成反应池的 pH 过高，导致絮凝效果下降、出水浊度大幅度升高、聚合氯化铝的水解产物溶解度增加，从而增加了水中铝离子的浓度等不良情况。该水厂为提升出厂水的 pH，并未在前端投加石灰，而是选择了后投加氢氧化钠的方式，采用 30％浓度的食品级 NaOH 调节出厂水 pH，投加点位于消毒接触池出水至清水池的管道中，出厂水 pH 可稳定在 7.2 左右。

3. 应用效果总结

（1）由于该水厂采用次氯酸钠消毒，为不影响消毒效果，氢氧化钠的投加点位于消毒接触池出水至清水池的管道中，主加氯水在消毒接触池的停留时间超过 30min，所以在该点进行碱投加调高 pH 不会影响消毒效果。

（2）实际生产中 30％浓度的 NaOH 投加量在 2.5mg/L 左右即可将出厂水 pH 调至 7.2，基本满足出水化学稳定性的要求。采用的 30％浓度食品级氢氧化钠原材料采购价格为 800～1600 元/m^3，投加 NaOH 成本为 0.001～0.002 元/m^3。

5.2.5　活性炭滤池出水 pH 衰减原位改性解决方案

1. 背景描述

某水厂采用"预臭氧—混凝—沉淀—砂滤—主臭氧—降流式 BAC 滤池"工艺，建设规模为 100 万 m^3/d，是广东地区采用臭氧活性炭深度处理工艺的大型水厂之一，采用的北江顺德水道水源大部分指标常年处于地表水环境质量标准Ⅱ类。

运行初期，发现活性炭滤池出水 pH 随原水 pH 下降而降低，厂内未设置 pH 调节药剂的投加系统。生产发现，当原水 pH 由 7.55 降至 7.29 时，出厂水 pH 由 7.36 降至 7.17。为适当提高出厂水 pH，该厂通过运行调试，发现在活性炭滤池出水中投加烧碱（氢氧化钠）能有效调节出厂水 pH，但活性炭滤池出水 pH 降低的问题未得到根本解决。

2. 解决方案及实施要点

鉴于活性炭滤池出水 pH 降低的关键因素是活性炭表面具有酸碱两性含氧官能团，故该水厂将烧碱投加点由活性炭滤池出水前移至活性炭滤池进水，提高活性炭滤池进水 pH，对活性炭滤料逐步进行改性，使活性炭滤料的 pH 平衡点上升，从而提高活性炭滤池出水 pH。其工艺流程如图 5-2 所示。

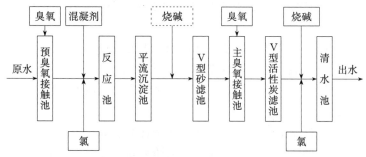

（图中虚线表示增加的烧碱投加点）

图 5-2　某水厂工艺流程图

（1）改性完成之前，活性炭滤池出水 pH 未升高，仍需在清水池投加烧碱，满足生产要求。

（2）改性初期 30 余天，将活性炭滤池进水 pH 维持在 7.50 左右，出水 pH 约为 7.05，从第 37 天开始出水 pH 上升至 7.30 并保持了约 10d。从第 47 天开始增大烧碱投加量，将进水 pH 提高至 7.70，期间出水 pH 随之上升至 7.40，从第 57 天开始出水 pH 上升至 7.50 并保持稳定，因此前投加烧碱改性共计需要 2 个月时间。随后，减少烧碱投加量，将进水 pH 回调至 7.50，出水 pH 仍可稳定在 7.50。

3. 应用效果总结

（1）改性前活性炭滤池氨氮平均去除率为 48.1%，改性后稳定运行 2 周的活性炭滤池氨氮平均去除率为 49.7%，烧碱改性对活性炭滤池去除氨氮的能力无影响；

（2）对现有烧碱投加系统的部分投加管道和设备进行改造后，在沉淀池出水总渠增加一个投加点，部分替换活性炭滤池出水的烧碱投加，为投加点前移创造了条件，同时投加点的前移提高了水质安全；

（3）在对活性炭滤池改性后，将烧碱投加点由活性炭滤池出水前移至沉淀池出水，将沉淀池出水 pH 控制在 7.5~7.6，经过生物活性炭滤池，出水 pH 保持在 7.3~7.4，保证了出厂水 pH 控制在 7.2 以上。

5.2.6　炭砂滤池运行问题解决方案

1. 背景描述

北方某水厂处理规模 4.3 万 m³/d，处理工艺主要是臭氧活性炭和次氯酸钠消毒，原水取自经过初步处理后的水源。原活性炭滤池滤料厚度 1.5m，为了解决来水浊度不稳定的问题，将活性炭滤池原位改造为炭砂滤池，下层石英砂和上层活性炭双层滤料，厚度分别为 0.4m 和 1.1m。在运行过程中主要存在以下几个问题：

（1）滤料混层：由于上层是活性炭，属于轻质滤料，颗粒比较大，下层是石英砂，属于重质滤料，颗粒细小。如果强度足够，当反冲洗膨胀回落后，滤料因自身重量不同，形成自然分层，孔隙率能够维持在一个稳定分层的状态。但因反冲洗时膨胀率低，无法满足自然分层的条件，底层细小的石英砂嵌入到上层颗粒粗大的活性炭中，造成滤料混层。

（2）强度不够：水厂共 8 格滤池，反冲洗水头约为 0.45～0.98m，反冲洗强度约为 4～6L/（m^2·s）。这是原活性炭滤池的反冲洗强度，在更换 0.4m 石英砂后，其反冲洗强度不足。

（3）滤程缩短：因为反冲洗时膨胀率低，滤料不能得到有效而充分的清洗，长时间运行后，孔隙率下降，过滤能力降低，造成滤程缩短。

（4）滤料板结：滤池反冲洗不彻底，泥渣积聚过多，造成滤料层表面生成泥膜，结成泥球，导致滤层板结。

总之，该水厂的炭砂滤池在运行中出现反冲洗强度不够、混层较为严重、滤速明显下降、产水能力降低等问题。同时，由于滤料中杂质积累过多，下部滤料结块，造成反冲洗困难，形成恶性循环，滤池过滤难以恢复。过滤周期内的个别时段，比如初滤水和过滤周期结束前的一段时间内的滤池出水偶尔会出现浊度超标的现象。

2. 解决方案及实施要点

（1）更换滤料：对滤料重新设计，其中石英砂厚度由原来的 0.4m 增加到 0.6m，柱状活性炭厚度由原来的 1.1m 减少到 0.7m，提升石英砂在滤料中所占比重，以应对水中杂质含量升高，保证出水水质。

（2）改造反冲洗系统：增加水反冲洗设备，增加反冲洗强度。考虑到反冲洗时滤料的膨胀，为防止滤料流失，现状排水堰等加高 60cm，加高方法采用固定不锈钢板方式，见表 5-7。

反冲洗方式对比　　　　　　　　　　　　表 5-7

指标	改造前	改造后
反冲洗强度[L/（m^2·s）]	4～6	14
反冲洗方式	高差水头	反冲洗水泵
水头/扬程（m）	0.45～0.98	6
初滤水	无	排放

3. 应用效果总结

（1）改造后，滤池滤速由 9m/h 增加到 13m/h，处理能力由 4.3 万 m^3/d 增加到 6.5 万 m^3/d。

（2）改造后，滤池出水浊度由 0.2NTU 降低为 0.15NTU，COD$_{Mn}$ 去除率增加了 30%。

（3）改造后，滤料膨胀率可达到 25%，反冲洗均匀，分层明显，含泥量明显降低。

5.2.7　活性炭滤池承托层/面包管问题解决方案

1. 背景描述

北方某开发区净水厂，水源为水库水，设计规模 2.2 万 m^3/d，采用常规处理＋臭氧活性炭深度处理工艺。活性炭滤池分为 4 格，单格过滤面积为 $20m^2$，滤速为 $11.45m/h$，接触时间为 $15.7min$。采用翻板阀形式，活性炭粒径为 $0.9\sim1.1mm$，厚度为 $3m$。活性炭下铺石英砂，粒径为 $0.6\sim1.2mm$，厚度为 $0.4m$。卵石垫层厚度为 $0.25m$。

翻板滤池采用 PE 材质的面包管作为配水、配气系统。面包管上方有一排直径为 $1.5mm$ 的开孔，拱脚处左右各有一排直径为 $3.5mm$ 的开孔，用于反冲洗的布气和布水。

该水厂在实际运行中，存在活性炭滤池反冲洗不均匀现象，清池检修发现是因为滤料颗粒进入面包管内引起堵塞。堵塞频发，虽经多次清池维修，但改善不大。面包管堵塞一方面会降低滤池的过水能力，另一方面会造成反冲洗不均匀。

2. 原因分析

分析认为，面包管堵塞的原因在于承托层厚度不足，且粒径、级配和分层不当，运行中使大量颗粒物进入面包管内，在过滤过程中堵塞出水，反冲洗时又反向堵塞。

3. 解决方案

建议承托层采用"粗-细-粗"的砾石分层方式，或采用其他效果较好的方式，承托层采用合理的粒径、级配和厚度。

5.2.8　翻板活性炭滤池运行问题解决方案

1. 背景描述

无锡市自来水厂深度处理工艺升级改造，涉及以太湖水为水源的 3 个水厂，在原有混凝—沉淀—过滤—消毒常规处理工艺的基础上，新增原水臭氧、生物预处理和臭氧活性炭深度处理工艺。

活性炭滤池采用翻板滤池，共 2 座，每座 14 格，双排布置，单格面积为 $96m^2$，空床滤速为 $9.8m/h$。滤料采用活性炭和石英砂双层滤料，上层为 8×30 目柱状或压块破碎炭，厚度为 $2.1m$；下层为 $d_{10}=0.6mm$、不均匀系数为 1.3、厚度为 $0.6m$ 的石英砂滤料。

翻板活性炭滤池在运行中出现了以下问题：

(1) 反冲洗水夹气问题

采用水箱供水，可以有效节约用地，减少反冲洗泵等投资，对炭滤后水量影响也较小，但在实际使用中发现，因水箱水深较浅，存在明显反冲洗水夹气现象，特别是大水冲洗时，有大量气泡涌出。

(2) 翻板阀问题

翻板阀是翻板滤池中的重要部件，安装精度要求较高。实际运行中，经常会发现翻板阀不能正常启闭，操作和传动机构抖动较大，出现过力矩动作，甚至卡死，而且同组两个阀舌不同步，关闭不严，漏水严重，甚至出现连杆断裂、曲轴扭曲、机构脱落现象。以上这些问题给活性炭滤池排水工艺控制带来不便，造成排水无法有效控制，反冲洗后的杂质不能有效排除，继而沉降在滤料表面，或者反冲洗跑炭；同时翻板阀漏水，将导致自用水耗高。

2. 原因分析

反冲洗水夹气原因：反冲洗水箱为扁平状，水深只有 $0.5\sim1.5m$，设计时没有考虑防止夹气的措施，所以在大水量反冲洗时，水冲立管中心形成真空，导致大量气体吸入，可能会造成承托层移位和炭砂滤料混层，并且大量气泡留在滤料层中将形成气阻，增加过滤水头。

翻板阀问题，是由于安装精度不够造成的。

3. 解决方案

针对反冲洗水夹气，在水箱中应考虑防止夹气措施，如采取在水冲立管上增加大面积钢板，阻止空气吸入，可以取得较好的效果。

对设计没有达到要求的翻板阀再重新安装时，严格控制施工质量，保障安装精度。

5.2.9 炭砂滤池在突发水污染中的应用实例

1. 背景描述

2005年11月13日，中国石油吉林石化公司双苯厂发生爆炸，上百吨化学污染物硝基苯、苯和苯胺等有机物进入松花江，造成重大水污染事件。高浓度有机污染物随江水下泻，给松花江沿岸城市，特别是哈尔滨市居民的饮用水安全构成了严重的威胁，震惊国内外。

为确保居民的饮用水安全，哈尔滨市供排水集团采取了以活性炭吸附为核心的应急处理方案，实施了粉末活性炭预处理和活性炭/石英砂双层滤池（简称炭砂滤池）强化过滤协同作用的应急处理技术措施，有效控制了硝基苯等污染物，在较短时间内恢复了供水。

2. 解决方案及实施要点

炭砂滤池作为应急处理中的重要单元，是利用原有的无烟煤/石英砂双层滤池，将其中的无烟煤滤料全部更换为活性炭滤料来实现的。采用这种方式，能够同时利用活性炭吸附作用和石英砂物理拦截作用，去除水中的微量有机物和胶体颗粒物，有效改善出水水质；由于石英砂滤层厚度相对较低，因此对进水水质变化较为敏感，浊度易穿透。目前在瑞士、日本、美国等地都有炭砂滤池这种过滤方式，但由于国内外水源水质差别较大，炭砂滤池在我国应用较少。由于炭砂滤池的实施，仅需用活性炭滤料替换原有滤池中的部分滤料，可迅速投产使用，有效提高供水水质，因此在城镇安全保障与应急技术研究中，系统开展炭砂滤池的应用研究，将为我国城镇供水安全保障与应急体系建设提供重要的技术支撑。

3. 应用效果总结

（1）炭砂滤池利用活性炭极强的吸附能力，能够有效去除水中的硝基苯类污染物，滤池出水硝基苯浓度始终接近检测限，远低于国家标准 $17\mu g/L$，确保了饮用水供水安全。

（2）炭砂滤池具有较强的物理拦截作用，在有效控制进水浊度的条件下，炭砂滤池出水浊度始终控制在 1NTU 以下，与普通无烟煤/石英砂滤池相比无明显差别。

（3）炭砂滤池对各种有机物均有较好的去除效果，对 COD_{Mn}、UV_{254}、TOC 的去除率可基本保持在 35%、25%、25% 以上，与普通无烟煤/石英砂滤池相比效果显著。

（4）炭砂滤池的初滤水，在前 10min 内水质较差，出水浊度高且波动大，$5\mu m$ 以下颗粒含量大多在 1000 个/mL 以上，特别是在 3min 左右，出水浊度达到 4.5NTU，$2\mu m$ 以下颗粒含量接近 5000 个/mL。在应急处理期间，炭砂滤池初滤水存在较大的安全风险，为确保供水安全，炭砂滤池 10min 初滤水不进入后续消毒工艺，可作为反冲洗水储备用，或输送到前端工艺进行再处理。

5.3　超滤运行管理实例

5.3.1　超滤膜突发堵塞解决方案

1. 背景描述

2016 年 10 月某日上午，某水厂生产人员发现超滤系统产水量异常下降，从正常时的 1800m³/h 降至 1400~1500m³/h，通过调整进水泵频率也无法提高超滤系统产水量。同时还发现超滤系统跨膜压差超过 0.2MPa，超滤膜原水池出现了溢流。

2. 原因分析

水厂在 2016 年 10 月 1 日启用了 A 水库原水，A 水库原水色度较高、pH 在 7.8~8.0，初步判断此次事件的原因为 A 水库原水藻类含量较高，穿透了活性炭滤池，大量大分子有机物将膜孔堵塞，导致膜通量严重下降。

3. 解决方案及实施要点

（1）立即进行反冲洗。

（2）申请停用 A 水库原水，转用 B 水库水。

（3）调整超滤系统反冲洗周期，从 75min 一次调整为 60min 一次。

（4）增加超滤系统反冲洗时消毒剂投加量，由 10mg/L 增加到 20mg/L。

通过落实以上措施，超滤系统膜堵塞问题得到有效控制，超滤系统跨膜压差开始下降，产水量逐渐恢复，期间超滤系统跨膜压差变化曲线如图 5-3 所示。

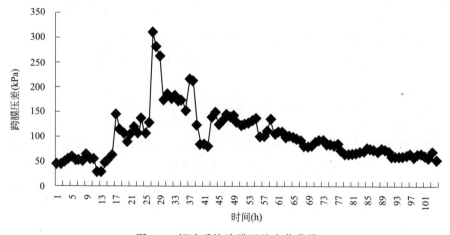

图 5-3　超滤系统跨膜压差变化曲线

4. 应用效果总结

（1）加强对原水水质的监测，当出现原水 pH、色度升高等异常情况时，工艺运行人员应及时调整生产措施并记录。

（2）宜通过加强预氧化和强化混凝等手段在混凝沉淀阶段尽量去除原水中的藻类及其衍生物，降低后续工艺的负荷。

（3）跨膜压差是反映超滤膜通量变化的重要指标，正常情况下，超滤系统跨膜压差应在 0.1MPa 以下。当出现跨膜压差异常升高时，运行人员应迅速查明原因，通过加强物理和化学冲洗等手段予以恢复，并及时进行化学清洗。

5.3.2 超滤膜柱气管和管接头更换方案

1. 背景描述

2016 年 10 月至 12 月期间，某水厂超滤系统频繁出现滤柱反冲洗气管开裂、脱落或气管接头断裂现象，导致系统漏水跑气。而对此进行维修需停产滤柱所在的整组膜，影响生产。该水厂通过分析，发现是因为 PVC 气管材质容易老化、气管长度过长所致。通过使用自制的高效维修工具，水厂把老化的气管全部更换为长度合适且质量更优的 PVC-U气管，防止了该问题的发生，实现了膜组设备持续稳定运行，提升了其设备完好率。与此同时，该水厂制定了相关操作指导书，规范操作流程并提高工作效率，减少了操作失误并降低了人工成本。

2. 原因分析

超滤系统所用反冲洗气管和管接头是 PVC 材质，该材质质量较差，硬度不够，若使用时间长，材料容易老化；同时，气管长度过长，气冲时管路摆动量大，增加了对管路接口的磨损。

3. 应对措施

（1）因超滤系统共有 336 条气管和 672 个管接头，更换数量大。水厂通过多途径对比选材，小批量采购试用，选择韧性较好的 PVC-U 材质气管和管接头，裁定气管精确长度，减小气管摆动幅度，增加硬底胶垫，防止振动漏水。

（2）为保证正常生产，采取先试行更换 1 套膜组气管和管接头试运行观察 2 周，确定了可行性再全面实施方案。

（3）创新研制专用工具，提高维修效率。膜柱底部接头更换空间狭小，常用工具无法使用，为此自制专用工具，可以适用于同类型膜柱气管接头的更换，有效缩短更换时间。

（4）制定膜柱气管接头更换标准化作业指导书，规范相关操作要求。

4. 经验总结

（1）系统建造初期，各部件的选材需严格把关。尤其对于输送含腐蚀性物质的管道（如次氯酸钠等），必须选择耐腐蚀性较强、不易老化的材料。

（2）反冲气管长度不应过长，过长将导致气冲时气管摆动幅度过大，加大对管路接口的磨损；同时也不可过短，过短会造成安装不方便且管道紧绷影响使用年限。最理想的长度为能够连接两段接口的同时气管略呈弯曲，不紧绷。

5.3.3 超滤系统进水管道异常振动解决方案

1. 背景描述

2013 年 11 月，某水厂新建超滤膜车间进入运行调试阶段，该水厂膜车间设计产能为 4 万 m^3/d，配有 4 台超滤膜原水进水泵（3 用 1 备），单台额定流量为 $300m^3/h$。调试过程中，技术人员发现当超滤膜原水进水泵频率大于 40Hz 或膜系统总进水流量超过 $1300m^3/h$ 时，膜车间二层楼板和管道有明显振感并伴有异常噪声。为保障生产设施及设备安全，水厂技术人员暂停进一步的调试，并上报集团公司。在集团公司的统一协调下，相关部门采取以下措施：

（1）超滤系统暂按进水量小于 $1100m^3/h$、水泵频率低于 $39Hz$ 的工况继续进行调试工作。

（2）请专业振动和噪声测试公司对膜车间进行相关测试。

（3）组织相关专家、设计人员对设备及管道的设计安装问题进行排查。

2014 年 4 月，超滤膜厂家按照集团公司提出的方案对超滤膜原水进水泵进出水管进行改造，包括管道增加柔性连接器、$DN700$ 总管位置迁移、管道支撑增加托架减振器等。5 月，超滤系统重新投入运行，楼板及管道振动问题明显减少，超滤膜原水进水泵可以在工频条件下运行，膜系统最大进水流量可超过 $2000m^3/h$ 时，达到设计产能要求。

2. 原因分析

通过对膜车间一、二层 16 个监测点进行测振分析并结合国家相关设备管道安装规范要求，确定膜车间楼板和管道振动由以下原因造成：

（1）管道垂直向、水平向振动的主要频率成分和二层楼板垂直向、水平向振动的主要频率成分相同，同时由于管道支架与二层楼板为刚性连接，墙体振动不明显，二层楼板的振动应该是由管道强迫激励所引起的。

（2）水泵的进出水处均通过硬管连接，水泵的振动很容易通过管道进行传递。同时水泵电机底座与地面以及管道吊架、支撑架与墙体和地面均为刚性连接，电机的振动和管道的振动也很容易通过支撑结构进行传递。

3. 经验总结

（1）刚性连接是焊接、螺栓连接等机械连接。柔性连接是铰接、有弹簧隔振这些的连接，管道柔性连接配管系统柔性好，能适应管道的膨胀、收缩、偏转现象，可减少振动，吸收膨胀和收缩量。

（2）对于较大型水泵的进出水管道设计安装，应充分考虑水泵振动对管道的传递和影响。

（3）借助先进的测试技术可帮助我们对生产过程中出现的设备管道系统噪声及异常振动问题进行定性分析，找出问题所在，及时解决。

5.3.4　浸没式膜组件化学清洗方案

1. 背景描述

某水厂应用超滤技术对该厂滤池反冲洗水进行回收处理，工艺流程如图 5-4、图 5-5 所示。系统于 2010 年 7 月投入运行，日均处理水量 4.6 万 m^3。经过近 2 年的运行分析，发现在冬季进行的膜组件化学清洗中（水温约 $5\sim8℃$），膜丝性状变脆，易受损断裂；用 0.2% 的盐酸对受污染膜组件进行浸泡，24h 后膜丝上的铁锈污染基本未得到去除，清洗进度缓慢，断丝情况较为普遍。为此，水厂改于春秋季节开展化学清洗，将酸洗药剂调整为柠檬酸，同时结合膜组件污染情况适当延长浸泡时间，取得良好效果。

图 5-4　反冲洗水处理工艺流程图

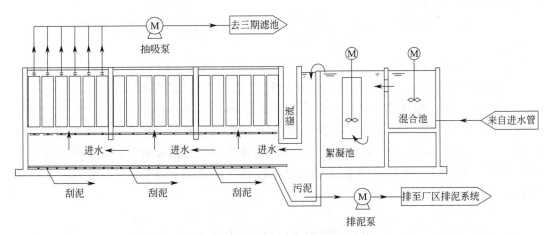

图 5-5　膜系统工艺流程图

2. 原因分析

水厂开展了烧杯试验，试验中以同样呈现铁红色的膜丝为对象，比较在不同水温、药剂、浸泡时间条件下，盐酸和柠檬酸对铁离子的去除能力。试验条件见表 5-8。

烧杯试验设定参数　　　　　　　　　　　　　　　　　　　　表 5-8

编号	水温(℃)	药剂	浸泡时间(h)
1 号	27(加热)	2% HCl	12
2 号	27(加热)	1% HCl	12
3 号	27(加热)	0.5% HCl＋2%柠檬酸	12
4 号	20(室温)	2%柠檬酸	24

结果表明，在同一水温条件下，盐酸对铁离子的去除能力低于柠檬酸；盐酸和柠檬酸对铁离子的去除能力随水温升高不断加强。柠檬酸浸泡时间与感官清洗洁净度呈正相关。在改进清洗方案后，清洗效果对比如图 5-6 所示。

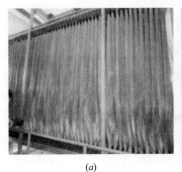  

(a)　　　　　　　　　　　　(b)　　　　　　　　　　　　(c)

图 5-6　清洗效果对比图

(a) 盐酸浸泡 8h（冬）；(b) 柠檬酸浸泡 8h（秋）；(c) 柠檬酸浸泡大于 20h（秋）

3. 经验总结

（1）超滤工艺具有出水水质好、生物安全性高的优势。但膜污染及断丝问题是影响系统运行、需予以高度关注的风险点，应加强对超滤膜的运行监测，通过膜通量、跨膜压差数据曲线和膜丝完整性检测结果等综合判断超滤膜系统运行情况，及时消除系统隐患。

（2）化学清洗是恢复膜通量、延长超滤膜使用寿命的主要手段，清洗方案及药剂的选择应结合膜材料性能以及实际工况适时调整，必要时可通过烧杯试验确定。

（3）浸没式膜组件化学清洗周期通常为一年 1～2 次，内容繁琐、施工量较大，考虑操作人员工作环境、化学清洗易操作性及清洗效果，宜选择在春秋季节开展此项工作。

第6章 深度处理工艺运行实操管控

6.1 HACCP水质风险管控

"HACCP"全称为 Hazard Analysis and Critical Control Point，即"危害分析及关键控制点"，HACCP是国际上共同认可和接受的食品安全保证体系，是一种评估危害和建立控制体系的管控工具。在供水行业，HACCP得到世界卫生组织（WHO）的高度肯定，多个先进国家和地区的供水厂已采取 HACCP 体系用以确认饮用水安全。通过对饮用水生产处理、供应全过程各个环节进行危害分析，找出关键控制点，并制定科学合理的监控措施、纠偏措施、验证程序和记录体系，及早发现并处置水质风险，实施预防为先的质量安全管控，从而提高供水水质安全保障。

本手册以南方某市的深度处理水厂为例，描述如何通过 HACCP 实施风险管控，HACCP 实施流程如图 6-1 所示。

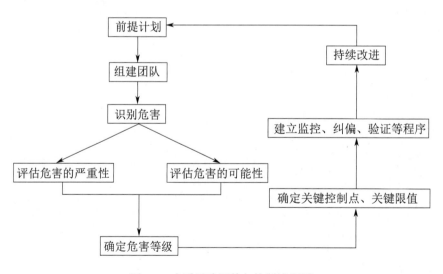

图 6-1　水质风险评估与控制流程图

1. 危害的识别

危害指对健康有潜在不良影响的生物、化学或物理因素。危害识别是对供水系统每个工艺环节可能引发的水质危害进行全面识别，并综合考虑危害发生的可能性和后果的严重性，其中，可能性表示危害发生的概率，严重性表示危害可能产生的水质影响的严重程度。再采用定量或半定量化的方法，对可能性与严重性分别分成若干级，且进行赋值。在对危害的可能性及严重性进行赋值后，二者的乘积为危害值，是综合反映风险可能性和后果严重性的数值。根据危害值的不同，找出显著危害。同时，需要对全部列举出来的危害有控制措施，如果欠缺有效的控制措施，应及时补充建立和完善管理手段。特别是对于发生概率很低或风险度不高的危害，若在平时，可能就在不知不觉中被疏忽掉了，但对于开展 HACCP 的企业而言，要求全面的风险梳理和应对措施，无一例外，从而确保了体系的严谨性和有效性。

南方某市深度处理水厂危害可能性、严重性、危害等级情况见表 6-1，识别的深度处理工艺水质危害见表 6-2。

2. 危害的控制

对识别出来的显著危害，还应通过 CCP 判定树，判定其是否为关键控制点。判定为关键控制点后应建立关键限值，以确保水质安全风险能得到有效控制。同时应制定并实施有效的监控措施，使其处于受控状态。并应对每个关键限值的偏离制定纠偏措施，以便在偏离时实施。当监控结果发生偏离时，应立即采取纠偏措施。当监控结果反复偏离时，应重新评估相关控制措施的有效性和适宜性，必要时予以改进和更新。

关键控制点的显著危害、控制限值、监控措施、纠偏措施等信息，应一一对应汇总，形成 HACCP 计划表，以便供具体指导运行管理。

南方某市深度处理水厂深度处理工艺 CCP 计划表见表 6-3。

3. 持续改进

应通过 HACCP 体系，与供水企业、供水管网、供水系统全过程的运行管理实际进行反复融合、交汇，推动供水单位实现水质指标双向追踪，通过分析前端、末端水质变化反馈促进水质净化工艺优化，实施精准控制，形成管理合力，持续完善供水系统全过程风险管控。

南方某市深度处理水厂风险赋值及等级说明　　表 6-1

可能性/严重性等级	可能性/严重性赋值	可能性等级说明	严重性等级说明
高	5	几乎能肯定,如每日一次	灾难性的,对大量人群有潜在的致命危险
较高	4	很可能,较多情况下发生,如每周一次	很严重,对少量人群有潜在的致命危险
中	3	中等可能,某些情况下发生,如每月一次	中等严重,对大量人群有潜在危害
较低	2	不大可能,极少情况下才发生,如每年一次	略微严重,对少量人群有潜在危害
低	1	罕见,一般情况下不会发生,如每五年一次	不严重,无影响或未检出

南方某市深度处理水厂深度处理工艺危害分析表　　表 6-2

编号	(1)原料/工艺步骤	(2)本步引入,受控或增加危害和潜在危害		可能性×严重性	风险分值	(3)潜在危害是否显著	(4)对(3)的判断提出依据	(5)危害预防控制措施	(6)是否CCP点
1	臭氧	生物	无	—	—	—	—	—	—
		化学	无	—	—	—	—	—	—
		物理	无	—	—	—	—	—	—

续表

编号	(1)原料/工艺步骤	(2)本步引入、受控或增加危害和潜在危害		可能性×严重性	风险分值	(3)潜在危害是否显著	(4)对(3)的判断提出依据	(5)危害预防控制措施	(6)是否CCP点
2	颗粒活性炭	生物	无	—	—		—		
		化学	铝偏高				化工合成,工艺带入,易溶解到水体中,导致水体污染	新活性炭使用初期进行专门的反冲洗和浸泡处理,直至过滤水余铝值达标	
			pH偏高				化工合成,工艺带入,易导致出水水质超标	新活性炭使用初期进行专门的反冲洗和浸泡处理,直至过滤水pH达标	
		物理	浊度				新活性炭带入的炭粉末,或使用多年的旧活性炭破碎,导致活性炭滤池出水浊度受影响	新活性炭使用初期进行专门的反冲洗处理,旧活性炭考虑对破碎炭进行更换	
3	预臭氧接触反应	生物	无	—	—		—		
		化学	溴酸盐副产物偏高				原水溴离子含量高,可能导致溴酸盐超标	定期检测溴酸盐含量;合理控制臭氧投加量;臭氧投加计量仪表定期校准	
		物理	无	—	—		—		
4	主臭氧接触反应	生物	无	—	—		—		
		化学	溴酸盐副产物偏高				原水溴离子含量高,可能导致溴酸盐超标	定期检测溴酸盐含量;合理控制臭氧投加量;臭氧投加计量仪表定期校准	
		物理	异色				主臭氧接触池进水中的铁、锰含量偏高,遇臭氧氧化显色	加强前期工艺对铁、锰的去除;降低臭氧投加量甚至暂时停加臭氧	
5	活性炭滤池过滤	生物	桡足类生物繁殖				水体富营养,导致桡足类生物繁殖	日挂网监测;如发现桡足类生物繁殖,启用沉后水加氯,滤池反冲洗水加氯或加氯水浸泡;必要时停加主臭氧;增加拦截网的清洗频次	
		生物	出水微生物细菌大幅度升高				微生物细菌异常升高,超过水厂正常消毒能力时,可能引发饮用水的微生物风险;特别是在高水温情况下,存在较高的微生物泄漏风险	加强活性炭滤池出水微生物量检测;控制活性炭滤池出水浊度,以及出水颗粒物数量;优化活性炭滤池反冲洗周期和强度,采取加氯间歇反冲洗;出水强化消毒	

编号	(1)原料/工艺步骤	(2)本步引入，受控或增加危害和潜在危害		可能性×严重性	风险分值	(3)潜在危害是否显著	(4)对(3)的判断提出依据	(5)危害预防控制措施	(6)是否CCP点
5	活性炭滤池过滤	生物	出水 AOC 升高				大量生物脱落并泄漏，同时臭氧氧化作用增加了水中 AOC 的浓度；新活性炭对 AOC 的去除效果较差	在高水温或更换新活性炭时加强活性炭滤池出水 AOC 监测；更换新活性炭时，可采取分批更换的方式；优化活性炭滤池的运行参数	
		化学	pH 异常				活性炭对 pH 干扰，导致出厂水 pH 异常	pH 监测；运行初期出水 pH 一般偏高，加强浸泡、反冲洗，当 pH 不超过 8.5 时，启动运行；正常运行期间，出水 pH 降低，可通过活性炭滤池前加氢氧化钠或在活性炭滤池后投加石灰澄清液或氢氧化钠溶液调节	
		物理	无	—	—		—	—	
6	超滤膜处理	生物	桡足类生物或微生物细菌偏高				膜断裂导致穿透出现，出水生物未被有效截留	加强超滤系统运行状态监控及参数调整，使超滤装置在良好工况下运行；加强对膜组件的定期杀菌灭藻处理；当发现膜丝污堵严重、跨膜压差异常升高时应及时进行化学清洗；定期对膜组件进行完整性测试，及时修复断丝膜组件；应更换断丝率超过 3‰ 的膜柱	
		化学	无	—	—		—	—	
		物理	浊度偏高				膜断裂导致穿透出现，出水浊度易受影响	加强超滤系统运行状态监控及参数调整，使超滤装置在良好工况下运行；加强对膜组件的定期杀菌灭藻处理；当发现膜丝污堵严重、跨膜压差异常升高时应及时进行化学清洗；定期对膜组件进行完整性测试，及时修复断丝膜组件；应更换断丝率超过 3‰ 的膜柱	

注：非显著危害，通过前提方案可控制；显著危害，由 HACCP 计划控制。

南方某市深度处理水厂深度处理工艺 CCP 计划表　　　表 6-3

关键控制点	显著的危害	关键限值	监控				纠偏行动	记录	验证
			对象	方法	频率	监控者			
预臭氧接触反应	溴酸盐超标	溴酸盐≤0.01mg/L	预臭氧接触池出水	化验室人工检测	每月2次	化验人员	1. 降低待处理水 pH； 2. 合理控制臭氧投加量或停止臭氧投加	溴酸盐检测记录表	1. 纠偏后预臭氧接触池出水检测正常； 2. 工艺主管每月查看检测记录
主臭氧接触反应	溴酸盐超标	溴酸盐≤0.01mg/L	主臭氧接触池出水、出厂水	化验室人工检测	每月2次	化验人员	1. 降低待处理水 pH； 2. 合理控制臭氧投加量或停止臭氧投加； 3. $KMnO_4/O_3$ 复合预氧化	溴酸盐检测记录表	1. 纠偏后主臭氧接触池出水检测正常； 2. 工艺主管每月查看检测记录
活性炭滤池过滤	异色	不得有异色	活性炭滤池进水	人工肉眼观察	2h 1次	运行人员	1. 加强常规处理工艺的处理； 2. 对有异色的活性炭滤池水进行强行排放回收； 3. 暂时停止臭氧投加，直至来水的铁或锰含量降低至安全范围	活性炭滤池巡检表	1. 纠偏后主臭氧接触池出水检测正常； 2. 工艺主管每月查看巡检记录
	桡足类生物繁殖	不得检出活体，且桡足类生物体总数<1个/20L	每格活性炭滤池出水	化验室人工检测	每周2次	化验人员、运行人员	1. 反冲洗水加氯； 2. 对严重的活性炭滤池进行含氯水浸泡； 3. 预氯化取代预氧化，必要时停止主臭氧投加； 4. 增加拦截网的清洗频次	活性炭滤池桡足类检测记录	1. 纠偏后活性炭滤池出水检测恢复正常； 2. 工艺主管每周查看检测记录
	pH 升高或衰减问题	1. 运行初期 pH<8.5； 2. 正常运行 pH>7.2	1. 每格活性炭滤池反冲洗水； 2. 活性炭滤池总出水	1. 化验室人工检测； 2. 在线仪表	1. 反冲洗前、后取样检测； 2. 实时监测	化验人员、运行人员	1. 运行初期出水 pH 一般偏高，加强浸泡、反冲洗，当 pH 不超过 8.5 时，启动活性炭滤池运行； 2. 正常运行期间，出水 pH 降低，可在活性炭滤池前加碱或在活性炭滤池后投加石灰澄清液或氢氧化钠溶液	活性炭滤池出水水质记录表	1. 纠偏后活性炭滤池出水检测恢复正常； 2. 工艺主管定期查看检测记录

续表

关键控制点	显著的危害	关键限值	监控				纠偏行动	记录	验证
			对象	方法	频率	监控者			
活性炭滤池过滤	pH升高或衰减问题	1. 运行初期 pH<8.5；2. 正常运行 pH>7.2	1. 每格活性炭滤池反冲水；2. 活性炭滤池总出水	1. 化验室人工检测；2. 在线仪表	1. 反冲洗前、后取样检测；2. 实时监测	化验人员、运行人员	1. 运行初期出水 pH 一般偏高,加强浸泡、反冲洗,当 pH 不超过 8.5 时,启动活性炭滤池运行；2. 正常运行期间,出水 pH 降低,可在活性炭滤池前加碱或在活性炭滤池后投加石灰澄清液或氢氧化钠溶液	活性炭滤池出水水质记录表	1. 纠偏后活性炭滤池出水检测恢复正常；2. 工艺主管定期查看检测记录
	铝升高	运行初期 <0.15mg/L	每格活性炭滤池反冲洗水	化验室人工检测	反冲洗前、后取样检测	化验人员	采用浸泡法或稀释法降低活性炭滤池出水铝的浓度,直至低于关键限值	活性炭滤池反冲洗水余铝检测记录	1. 纠偏后活性炭滤池出水检测恢复正常；2. 工艺主管定期查看检测记录
	微生物细菌泄漏	细菌总数 <10^4 CFU/mL	活性炭滤池出水	化验室人工检测	日检	化验人员	1. 加强活性炭滤池出水微生物量检测；2. 控制活性炭滤池出水浊度,以及出水颗粒物数量,尤其是 $5\mu m$ 以下颗粒物数量；3. 优化活性炭滤池反冲洗周期和强度,采取加氯间歇反冲洗；4. 出水强化消毒；5. 采用含氯水浸泡活性炭滤池	活性炭滤池出水检测记录	1. 纠偏后活性炭滤池出水检测恢复正常；2. 工艺主管定期查看检测记录
	AOC升高	浓度 <$100\mu g/L$	活性炭滤池出水	化验室人工检测	半年检	化验人员	1. 在更换新活性炭时,可采取分批更换的方式；2. 优化活性炭滤池的运行参数,进行合理的反冲洗,反冲洗水不宜含氯,反冲洗方式不宜选用气水联合反冲洗；3. 初滤水排放	活性炭滤池出水 AOC 检测记录	1. 纠偏后活性炭滤池出水检测恢复正常；2. 工艺主管定期查看检测记录

续表

关键控制点	显著的危害	关键限值	监控				纠偏行动	记录	验证
			对象	方法	频率	监控者			
超滤膜处理	桡足类生物或微生物细菌偏高	桡足类生物总数<1个/20L或细菌总数<10⁴CFU/mL	超滤膜出水	化验室人工检测	日检	化验人员	1. 加强超滤系统运行状态监控及参数调整，使超滤装置在良好工况下运行；2. 加强对膜组件的定期杀菌灭藻处理；3. 当发现膜丝污堵严重、跨膜压差异常升高时应及时进行化学清洗；4. 定期对膜组件进行完整性测试，及时修复断丝膜组件；5. 应更换断丝率超过3‰的膜柱	超滤膜出水水质检测记录	1. 纠偏后超滤膜出水检测恢复正常；2. 定期查看检测记录
	浊度偏高	浊度≤0.2NTU	超滤膜出水	在线仪表	实时监测	运行人员	1. 加强超滤系统运行状态监控及参数调整，使超滤装置在良好工况下运行；2. 加强对膜组件的定期杀菌灭藻处理；3. 当发现膜丝污堵严重、跨膜压差异常升高时应及时进行化学清洗；4. 定期对膜组件进行完整性测试，及时修复断丝膜组件；5. 应更换断丝率超过3‰的膜柱	在线监测仪表曲线记录	1. 纠偏后超滤膜出水检测恢复正常；2. 定期查看曲线记录

注：为体现对深度处理典型危害的全面预防监控，本计划表对显著危害和非显著危害都进行了管控手段的示范说明。

6.2　臭氧活性炭工艺日常巡检管控

臭氧活性炭工艺日常巡检管控见表 6-4。

臭氧活性炭工艺日常巡检管控　　　　　　　　表 6-4

序号	项目名称		巡检项目	重点巡检内容
1	臭氧设备间		环境条件	房间温度、相对湿度满足设计文件及操作要求
			设备间通风	机械通风装置的能力满足设备间每小时换气 8～12 次
			臭氧、氧气泄漏	观察臭氧设备间臭氧泄漏报警器和氧气报警器有无报警,无报警灯亮表示车间内为安全。应观察臭氧和氧气浓度监测值:臭氧浓度≤0.3mg/m³,氧气浓度≤23%(体积分数)
2	气源装置	总体	主管压力、露点	检查供气管道压力、氧气含量、露点是否符合要求
		空气源装置	空气压缩机	无故障报警,指示灯显示无异常,运行压力达到要求,无异常振动或异响,皮带或传动正常,油过滤器和油气过滤器等都无泄漏、无损坏,四周无油水渗漏
			储气罐	无漏气,压力在运行正常范围,安全阀无异常,排水装置正常
			冷冻式干燥机	指示灯显示无异常,冷媒表指示正常,无异常振动或异响,可正常制冷(出气管温度较低或有冷凝水),排水正常,无堵塞、无泄漏
			吸附式干燥机	指示灯显示无异常,压力表指示正常,切换阀门正常
			空气过滤器	压差显示(如有)无异常,排水装置无泄漏、无损坏
		液氧站	液氧储罐	检查压力、液位
			管路及阀门	各阀门、管路完好,无渗漏;阀门开/关位置正确
			蒸发器	位于正常运行状态
		富氧源装置	空气压缩机、储气罐、干燥机、过滤器	同空气源装置
			PSA 制氧主机	指示灯显示无异常,压力表指示正常,排气处无异常粉末
			罗茨鼓风机	整机外观无异常,无异常振动或异响,无焦臭味,四周无油水渗漏
			罗茨真空泵	
			氧气压缩机	整机运行指示正常,压力表指示正常,外观无异常,无异常振动或异响,无焦臭味,四周无油水渗漏
			VPSA 制氧主机	指示灯显示无异常,压力表指示正常
			冷却器	整机外观无异常,四周无油水渗漏
			程控阀门	切换阀门正常,仪表气体无泄漏
3	臭氧发生器		显示屏/运行灯	无故障报警,指示灯显示无异常
			自控状态	位于正确状态(处于本地、远程,或自动、手动等状态)
			振动及声响	无异常振动或异响
			冷却水量	读数稳定,压力、流量、温度达到要求,内循环水泵工作正常,外循环水量、水温正常
			在线露点、臭氧、氧气分析仪	露点、臭氧、氧气显示数据正常,无臭氧或氧气泄漏
4	臭氧车间配电柜		电压	电压无缺相,达到要求电压
			异味异响	无焦臭味、无异响
			分合闸情况	检查进线必须合闸,各相关设备电源开关处于合闸

续表

序号	项目名称	巡检项目	重点巡检内容
5	臭氧系统主柜PLC	液晶显示屏	无故障报警,指示灯显示无异常,臭氧发生器等各控制设备显示正常运行;如果有报警,查看原因、针对处理
			臭氧投加率设定合理
		工作状态	PLC工作状态指示无异常
		通信设备	通信设备工作状态指示无异常
		避雷器	检查窗口颜色及雷击计数器
		触摸屏	检查运行情况
		UPS状态	UPS电源工作无异常
6	臭氧电源柜	电量监测仪	检查电源开关是否在运行位置,显示正常
		气味、声响	无焦臭味、无异响
		变频器或逆变器	无报警信号
7	臭氧接触池	在线臭氧分析仪臭氧浓度显示	预臭氧接触池出水≤0.1mg/L,主臭氧接触池出水0.1~0.2mg/L,分点投加的比例是否正常(设计值)
		取样泵(如有)	有水正常流出
8	尾气处理装置	显示屏/运行灯	无故障报警,指示灯显示无异常
		自控状态	位于正确状态(处于本地、远程,或自动、手动状态)
		臭氧浓度显示	小于要求浓度(≤0.2mg/m³)
		抽风机振动及声响	无明显振动、无杂音(停用后再启动前要对抽风机扇叶进行手动盘动,扇叶旋转正常才能开机)
9	活性炭滤池	在线仪表	浊度、pH、余氯、颗粒计数、生物预警 进出水正常,数据及显示无异常
		反冲洗车间	空气压缩机系统 无故障报警,指示灯显示无异常,无异常振动或异响,储气罐压力正常,定期排水
			自控状态 位于正确状态(状态分为就地、计控、自动)
			冷却泵及排水泵 无故障报警,指示灯显示无异常,无异常振动或异响
			鼓风机 无故障报警,指示灯显示无异常,无异常振动或异响,各阀门、管路完好,无渗漏;阀门开/关位置正确
			反冲洗泵 无故障报警,指示灯显示无异常,无异常振动或异响,电流、电压正常,油位油标正常,各阀门、管路完好,无渗漏;阀门开/关位置正确
		加药系统	加氯加压泵 无故障报警,指示灯显示无异常,无异常振动或异响
			管路及阀门 各阀门、管路完好,无渗漏;阀门开/关位置正确
			异味异响 无焦臭味、无异响
		活性炭滤池	滤池表面 运行液位正常,滤料平整,表面清洁无漂浮物,池壁及水槽无青苔污垢
			滤池出水井 出水堰拦截网清洁,无堵塞、无破损
			滤池反冲洗 气冲时气泡分布均匀,水冲时排水顺畅,无干冲、气阻、跑滤料、串气等现象
			阀门 阀门状态正常
			挂网检测 定期对每个活性炭滤池进行挂网检测,以便了解活性炭滤池内的生物繁殖情况

6.3　臭氧活性炭工艺设施设备维护保养

臭氧活性炭工艺设施设备维护保养见表 6-5。

臭氧活性炭工艺设施设备维护保养　　　　表 6-5

序号	项目名称	维护对象	重点维护内容	参考维护周期
1	配电系统	干式变压器	可参考干式变压器维护的基本要求	一年
		低压配电柜	可参考配电柜维护的基本要求	一年
2	气源系统	空气源装置	建议外委进行维护	半年到一年
		现场制氧	建议外委进行维护	一年
		液氧装置	建议外委进行维护,压力表、安全阀、压力容器和压力管道根据特种设备相关法律法规送检,取得合格证方可使用	一年
3	臭氧发生系统	臭氧系统电源装置	检查主回路、控制和工作电路的接线是否牢固	半年
			检查实时参数,如有需要则进行调节	
			读取电流数据,检查是否过载运行;检查电量监测仪的各参数显示是否正常、准确	
			检查各指示灯是否正常,显示是否准确	
			清理机柜内及通风过滤网灰尘(风冷型电源)	
			检查机柜内高压变压器有无焦糊味	
		臭氧发生室	检查进气管道上微过滤器(如有),拆下用压缩空气对滤芯进行清洁,必要时更换滤芯	半年
			检查臭氧发生器运行数据	一年
			检测容器的压力是否正常(不能开盖)	五年
			打开压力容器,检查高压动力电缆接头和放电管是否损坏,必要时更换	十年
			检查系统的报警功能(风扇、报警器、闪光灯、关闭阀)	半年
			检查臭氧发生室端盖、管路密封	
			检查接地电阻阻值≤4Ω	
		冷却水泵	检查功能、噪声、振动和轴承温度	半年
			检查电机及水泵轴承润滑情况是否良好,检查冷却水是否能正常循环	
4	臭氧接触反应系统	曝气盘	检查压力损失,必要时停池拆下陶瓷曝气盘用酸液进行浸泡、清洗或更换	三年
		后臭氧投加分配单元	检查和清理流量计,检查压力表,检查管路上流量自动调节阀动作	一年
		水射器	功能性检查	一年
		水射器压力水加压泵	检查功能、噪声、振动和轴承温度	一年
			检查电机及水泵轴承润滑情况是否良好	
		预臭氧投加分配单元	检查和清理流量计,检查压力表,检查管路上止回阀动作,检查和清理过滤器	一年
		呼吸阀	按标识的压力、真空度参数检查是否可靠动作	一年
		除雾器	检查清洗过滤丝网	一年
		人孔法兰	检查法兰密封圈是否破损或老化	三年

序号	项目名称		维护对象	重点维护内容	参考维护周期
5	臭氧尾气处理系统		风机	检查运行噪声、振动及对轴承端检查温度	半年
				运行前检查风机扇叶转动是否正常	三个月
			催化剂及其容器	定期评估催化剂是否失效,检查催化剂容器内壁是否腐蚀,加热元件是否正常加热,垫片是否老化	三年
6	辅助压缩空气系统		无油涡轮压缩机	检查清理空气过滤器,必要时更换;检查测试操作安全阀;清洁压缩机;检查阀门;用压缩空气清洁冷凝器的鳞形表面	半年
				清洁除湿器	一年
				更换空气过滤器	
				检查或更换V形皮带	
				用润滑油润滑轨道涡形轴承	两年
				更换密封件	
				用润滑油润滑曲柄轴承	
7	检测仪表		便携式臭氧分析仪	按说明书进行标准校验	三个月
			臭氧浓度分析仪	进行检查,判断其面板、流量计功能、电磁阀功能等状态是否正常	一年
				检查取样泵、取样软管是否工作正常、是否有泄漏,清洁微颗粒物过滤器	
				清洗检测室,更换紫外灯管	
				由厂家重新标定	三年
			露点仪	由厂家进行标定	一年
			流量计	按说明书进行标准校验	一年
			环境臭氧浓度仪	对环境臭氧和氧气探测器进行检查,判断其状态是否正常	三个月
				定期更换探头	两年
8	PLC控制系统		PLC柜	检查柜内各部分的连接点是否连接牢固,有无过热现象,观察有无变色现象	一年
				柜内部件清洁,无异常气味,无异常声音,接地完好无损	
				画面切换速度正常,数据刷新速度正常	
				子站PLC站数据上传无异常	
				检查PLC各指示灯是否正常	
			UPS	对UPS进行维护,清扫除尘,进行电池充放电试验	三个月
9	活性炭滤池	构筑物	滤池池体	活性炭滤料抽样送检,并分析评估其有效性	一年
				检查配水系统是否损坏,根据情况维修或更换	五年
				对控制阀门、管道和附属设施进行恢复性检修	
				对土建构筑物进行恢复性检修	
				检查清水渠是否清洁,必要时清洗池壁、池底	
		活性炭滤池设备系统	鼓风机	检查润滑情况,油质是否合格,油量是否充足,不足时及时停机补充	一年
				检查皮带的张紧程度是否合适,必要时更换	
				检查设备紧固零部件是否有松动,必要时及时加以紧固	
				对空气过滤器进行吹扫清理或更换	
			反冲洗水泵	检查水泵是否漏水,是否需要压填料(紧盘根)或重新更换填料(盘根)	半年

序号	项目名称		维护对象	重点维护内容	参考维护周期
9	活性炭滤池	活性炭滤池设备系统	反冲洗水泵	检查是否需要给电机轴承加润滑油	半年
				检查水泵油箱油位是否正常,必要时添加或更换润滑油	
			螺杆式压缩机	检查皮带的张紧程度是否合适,必要时更换	半年
				检查油位,卸载时油位必须位于油位视窗中的1/4~3/4,不够时应及时停机补油	
				清洁空气过滤器	
				更换专用润滑油、空气过滤器、油过滤器、油气分离器及压缩空气出口管道滤芯	一年
				必要时更换进气阀密封件及进气活塞等	
				更换压缩机配套冷冻式干燥机进、出口管道滤芯	
			进水阀门排水阀门	为气缸的移动部件补充润滑脂	两年
				检查所有密封件磨损情况,对磨损严重的予以更换	
				检查气缸内外泄漏情况,严重时要调整、检修或更换	
				检查气缸的附属件限位开关、电磁阀是否正常,必要时更换	
				检查闸板阀的止水情况,必要时更换密封条	
			出水阀门反冲洗阀门	为气动头的转动、移动部件补充润滑脂	两年
				检查所有密封件磨损情况,对磨损严重的予以更换	
				检查气缸内外泄漏情况,严重时要调整、检修或更换	
				检查气动头磨损情况和传动轴润滑情况	
				检查蝶阀的外漏情况,必要时更换阀杆密封件	
			排空阀	给蝶阀配套蜗轮蜗杆添加或更换润滑脂,检查蝶阀的止水情况,必要时更换密封圈	三年
		在线仪表	pH计	按仪表性能进行pH7和pH10两点标准校验	半年
			浊度仪	按仪表性能进行零点和20NTU两点标准校验	三个月
			颗粒计数仪	依据《液压传动　液体自动颗粒计数器的校准》GB/T 18854—2015进行两点校验	半年
		PLC控制系统	PLC柜	检查柜内各部分的连接点是否连接牢固,有无过热现象,观察有无变色现象	一年
				柜内部件清洁,无异常气味,无异常声音,接地完好无损	
				画面切换速度正常,数据刷新速度正常	
				子站PLC站数据上传无异常	
				检查PLC各指示灯是否正常	
			UPS	对UPS进行维护,清扫除尘,进行电池充放电试验	三个月

6.4 超滤膜膜完整性管控

1. 超滤膜膜完整性测试方法

(1) 气泡观察法

将膜组件中充满测试所用的液体，使膜完全浸润，膜丝所有孔都充满液体。

在膜组件的进水侧缓慢通入无油压缩空气，且逐渐提高进气压力，同时观察产水侧是否有气泡连续溢出（产水阀门处于打开状态）。当产水侧有气泡溢出时，记下进水侧通入空气的压力值，此即为该膜组件的泡点压力。

通常通入空气的压力从 0MPa 开始，逐渐增大到 0.15MPa。如果测得的泡点压力小于 0.15MPa，表明膜丝或者膜组件存在泄漏点，如图 6-2 所示。

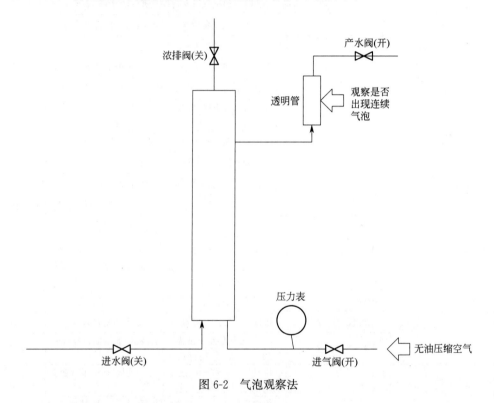

图 6-2　气泡观察法

(2) 压力衰减法

将膜组件中充满测试所用的液体，使膜完全浸润，膜丝所有的孔中都充满了液体。在膜组件的进水侧缓慢通入无油压缩空气（产水阀门处于打开状态），逐渐提高进气压力至设定值。

最初时，进气侧的水会受压穿过膜壁进入产水侧，会有一定量的液体排出（约持续2min）。待压力稳定在设定值时，将进气阀关闭（产水侧阀门处于打开状态），并密封进气侧保持测试压力，静止保压 10min。

此时膜组件的进水侧充满带压的空气，并与外界隔绝；产水侧充满水，且与大气相通。若保持压力测试 10min 后进气侧压力降不大于 0.03MPa，则表明膜元件完整，没有缺陷。如压力降大于 0.03MPa，则表明有膜元件断裂、O 形圈漏水或断丝等情况，如图 6-3 所示。

　　压力保持测试既可针对单个膜组件进行，也可针对整套超滤装置或者分组进行，是一种在现场简便易行的方法。

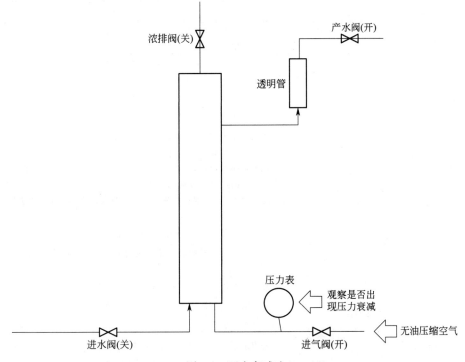

图 6-3　压力衰减法

2. 膜丝断裂的修复

将超滤膜抽出，浸在水容器中，一端进水管用专用工具封堵，另一端用专用进气工具进气，压力控制在低于 0.1MPa。正常情况下膜丝只透水不透气，若某膜丝出现透气现象，则证明此膜丝破损。记录膜丝断丝位置，然后用膜针配合专用胶进行封堵。凝固 5min 后去掉膜针封头，再次进气检验封堵效果。

3. 完整性测试后恢复运行

做完整性检测时，膜元件内充满空气，在恢复运行前一定要对超滤系统进行排气，否则会破坏超滤膜，具体方法有两种：

　　方法一：当系统缓慢排气完成后，需要进行手动排气，拆卸进水管最高点的排气阀，排气阀连接的手阀要处于打开状态，进水手阀关闭，产水排放阀打开，右侧进水手阀关闭，左侧进水阀打开。

　　方法二：程序控制，打开一侧进水气动阀；反方向再打开一侧反冲洗排水气动阀，再缓慢打开进水手阀，保持小流量进水，流量一般由小变大（20～50t/h），此时要注意进水压力，防止憋压，5～10min 左右再切换打开另一侧进水气动阀；反方向再打开一侧反冲洗排水气动阀，持续进水 10～15min 后，停止排气，将程序控制系统恢复至自动状态下，重新启动系统恢复运行。

6.5　活性炭-超滤工艺日常巡检管控

活性炭-超滤工艺日常巡检管控见表6-6。

活性炭-超滤工艺日常巡检管控　　　　　　　　　表 6-6

序号	项目名称		巡检项目	重点巡检内容
1	活性炭滤池	在线仪表	浊度、pH、余氯、生物预警	进出水正常,数据及显示无异常;生物预警鱼活动正常、水位及水循环正常、池内洁净
		反冲洗车间	空气压缩机系统	无故障报警,指示灯显示无异常,无异常振动或异响,储气罐压力正常,定期排水
			自控状态	位于正确状态(状态分为就地、计控、自动)
			冷却泵及排水泵	无故障报警,指示灯显示无异常,无异常振动或异响
			鼓风机	无故障报警,指示灯显示无异常,无异常振动或异响,各阀门、管路完好,无渗漏;阀门开/关位置正确
			反冲洗泵	无故障报警,指示灯显示无异常,无异常振动或异响,电流、电压正常,油位油标正常,各阀门、管路完好,无渗漏;阀门开/关位置正确
		活性炭滤池	滤池表面	运行液位正常,滤料平整,表面清洁无漂浮物,池壁及水槽无青苔污垢
			滤池出水井	出水堰拦截网清洁,无堵塞、无破损
			滤池反冲洗	气冲时气泡分布均匀,水冲时排水顺畅,无干冲、气阻、跑滤料、串气等现象
			阀门	阀门状态正常
			挂网检测	定期对每个活性炭滤池出水进行挂网检测,以便了解活性炭滤池内的生物繁殖情况
2	超滤系统	在线仪表	浊度、pH、余氯、颗粒计数仪	进出水正常,数据及显示无异常
		辅助设备	进水池、反冲洗池、中水池、回收池	池体完好,无渗漏;水池进出水阀门、管路外观完好、无锈蚀,阀门开/关位置正确;液位计显示正常
			进水泵、反冲洗泵、废水泵	管路无渗漏,阀门无渗漏、异响,无故障报警,指示灯显示无异常,无异常振动或异响,水泵出水压力在额定范围内
			空气压缩机	空气压缩机无异常振动、无异响,运行温度正常
				冷冻式干燥机运转正常、无异响
				输气管路上的空气过滤器完好,无渗水漏气现象
			储气罐	压力正常,定期排水
				管道无漏气
				阀门无漏气、无异响
		加药装置	加药泵	无故障报警,指示灯显示无异常,无异常振动或异响
			管路及阀门	各阀门、管路完好,无渗漏;阀门开/关位置正确
			药剂储罐	罐体是否有裂缝,药剂标尺液位与液位计显示是否一致
			异味	无刺激性气味
		配电设备	高压环网柜	无焦臭味、无异响
			变压器	运转无异响,温度在额定范围;变压器表面清洁,接线母排绝缘保护良好,无烧黑现象
			低压配电柜	无焦臭味、无异响

续表

序号	项目名称		巡检项目	重点巡检内容
2	超滤系统	配电设备	低压配电柜	单相电压:220V±5%,无缺相
				功率因数应>0.90
			水泵控制柜	无焦臭味、无异响
				控制柜门紧闭,指示灯显示无异常,电器元件无焦痕
		自清洗过滤器	进出口压力差	压力差值正常,一般应<0.08MPa
			异响和过热	无异响和过热
		超滤膜组件	跨膜压差	跨膜压差<0.10MPa
			气动阀门	无漏气、堵塞
			进气胶管	无漏气、漏水,接头无松动
			出水透明管	出水正常,无大量连续气泡出现
			膜柱	膜柱安装连接牢固,螺母等连接件无锈蚀、无漏水现象
		化学清洗装置	清洗水泵	无渗漏、无异响
			管道	无渗漏
			清洗罐	无渗漏
			阀门	外观完好,无渗漏

6.6　超滤系统设备维护保养

超滤系统设备维护保养见表 6-7。

超滤系统设备维护保养　　　　　表 6-7

维护对象	维护内容	维护周期
空气压缩机	空气过滤器的清灰除尘	一季度
	补充及更换冷却润滑油	半年
	更换机油格、冷却油格	一年
	更换供气过滤器(精、粗)滤芯	一年
	清理散热片灰尘、调整传动皮带等	半年
压力罐	送检压力罐安全阀门,并取得使用合格证	一年
	送检压力仪表,并取得使用合格证	半年
水泵设备	转动部件、紧固件等加机油、润滑脂保养	半年
	整体维护(包括检查轴承、连轴器、电机绝缘等)	一年
	检查主线路和控制线路,测量电源相间和对地绝缘电阻	一年
NaClO 加药系统	更换管路连接密封橡胶垫片(可选择耐腐蚀的密封圈)	一年
	检查背压阀、泄压阀等阀门完好情况,校验设定压力值	一年
	检查计量泵电机绝缘、更换压力膜片等	一年
超滤系统配电柜	清灰除尘	一季度
	保养柜内元件(包括检测绝缘、紧固接线端子等)	一年

维护对象	维护内容	维护周期
保安过滤器	检测校准进出水压力表	一年
	强制冲洗测试	一季度
	检查滤芯,如果污染严重应更换;进出压力差超过0.15MPa时,应更换滤芯	一年
	检查连接螺母螺栓,如有松动应紧固	一年
	检查密封垫,如有渗水破损现象应更换	半年
超滤系统管路气动控制阀门	定期校准,调整微动开关	一季度
超滤系统反冲洗气管及管接头	更换气管及管接头	一年
超滤膜膜柱	化学清洗	一年
超滤膜膜系统	膜完整性测试	半年
超滤膜膜系统水管	检查管路的漏失	一月
超滤膜清洗溶液罐	检查罐内清洁、防腐	一年/化学清洗时同步检查
颗粒计数仪	依据《液压传动 液体自动颗粒计数器的校准》GB/T 18854—2015进行两点校准	半年
在线浊度仪	按仪表性能进行零点和20NTU两点标准校验	半年
在线pH计	按仪表性能进行pH7和pH10两点标准校验	半年
在线余氯分析仪	定期校验	半年
自控系统	定期检查控制子站及主站电气状况	半年
其他	更换超滤系统设备备件(膜柱设计使用寿命5年)	视实际情况

参 考 文 献

[1] 张金松，刘丽君．饮用水深度处理技术［M］．北京：中国建筑工业出版社，2017．

[2] 北川睦夫．活性炭处理水的技术与管理［M］．丁瑞艺，等译．北京：新时代出版社，1978．

[3] 郄燕秋，张金松．净水厂改扩建设计［M］．北京：中国建筑工业出版社，2017．

[4] 正占生，刘文君，张锡辉．微污染水源饮用水处理［M］．北京：中国建筑工业出版社，2016．

[5] Crittenden J C，Hoboken N J．MWH's water treatment：principles and design［M］．New Jersey：J．John Wiley & Sons，2012．

[6] 严敏，谭章荣，李忆．自来水厂技术管理［M］．北京：化学工业出版社，2005．

[7] 上海市政工程设计研究总院（集团）有限公司．第 3 册　城城给水：给水排水设计手册 3 版［M］．北京：中国建筑工业出版社，2017．

[8] 全国城镇给水排水标准化技术委员会．水处理用臭氧发生器技术要求：GB/T 37894—2019［S］．北京：中国标准出版社，2019．

[9] 中华人民共和国住房和城乡建设部．室外给水设计标准：GB 50013—2018［S］．北京：中国计划出版社，2018．

[10] 中华人民共和国住房和城乡建设部．城镇供水厂运行、维护及安全技术规程：CJJ 58—2009［S］．北京：中国建筑工业出版社，2009．

[11] 世界卫生组织．饮用水水质准则 4 版［M］．上海：上海交通大学出版社，2014．

[12] 国家标准化管理委员会．危害分析与关键控制点（HACCP）体系食品生产企业通用要求：GB/T 27341—2009［S］．北京：中国标准出版社，2019．

[13] 日本臭氧协会．臭氧技术手册修订版［M］．北京：中国土木工程学会水工业分会，2016．

[14] 汪琳，胡克武，冯兆敏．超滤膜技术在自来水厂中应用的研究进展［J］．城镇供水，2011，16（1）：7-11．

[15] HoignéJ．The chemistry of ozone in water［J］．Process Technology for Water Treatment，1988：121-141．

[16] 张金松．臭氧化-生物活性炭除微污染工艺过程研究［D］．哈尔滨：哈尔滨建筑大学，1995．

[17] Parkhurst J P．Pomona activated carbon pilot plant［J］．WPCF，1976，37（1）：46-56．

[18] 杨宏伟，孙利利，吕淼，等．H_2O_2/O_3 高级氧化工艺控制黄河水中溴酸盐生成［J］．清华大学学报（自然科学版），2012，52（2）：211-215．

[19] 孙志忠．臭氧/多相催化氧化去除水中有机污染物效能与机理［D］．哈尔滨：哈尔滨工业大学，2006．

[20] 刘博才，王会聪．臭氧-生物活性炭深度处理工艺的研究及发展［J］．山西建筑，2017，40（13）：118-119．

[21] 潘晓，张群，丁李刚．采用青草沙水库水后水厂的运行优化 [J]．给水排水，2012，38 (8)：15-18.

[22] 冯硕，张晓健，陈超，等．炭砂滤池在饮用水处理中的研究现状及前景 [J]．中国给水排水，2012，28 (4)：16-19.

[23] 黄胜前．活性炭-超滤联用工艺在沙头角水厂的应用实践 [J]．给水排水，2016，42 (4)：16-19.

[24] 鲁彬，黄胜前．深圳市沙头角水厂深度处理工艺研究与设计 [J]．供水技术，2013，7 (3)：13-17.

[25] 韩宏大，吕晓龙，陈杰．超滤膜技术在水厂中的应用 [J]．供水技术，2007，1 (5)：14-16，28.

[26] 祝振鑫．膜材料的亲水性、膜表面对水的湿润性和水接触角的关系 [J]．膜科学与技术，2014，34 (2)：1-4.

[27] 徐俊．超滤膜技术在水厂升级改造中的应用及设计 [J]．中国给水排水，2016，32 (2)：41-44.

[28] 张磊，陈士才．杭州市南星水厂 O_3/BAC 工艺的运行效果分析 [J]．中国给水排水，2006，22 (17)：42-15.

[29] 贺涛，常颖，林浩添，等．O_3-BAC 工艺炭滤池 pH 变化关键因素初探及成果应用 [J]．净水技术，2014，33 (S2)：130-135.

[30] 王文静．炭砂滤池应用的问题与探讨 [J]．城镇供水，2017 (3)：29-33.

[31] 王建西．北方某开发区净水厂工艺设计问题探讨 [J]．供水技术，2019，76 (5)：39-43.

[32] 王光志，李伟光．炭砂滤池在松花江污染应急处理中的应用特性 [J]．给水排水，2007，33 (8)：11-15.

[33] 王璐．浸没式超滤膜在某水厂的运行经验 [J]．城镇供水，2013，29 (3)：12-18.

[34] 陈杰，陈清，朱春伟．PVC超滤膜技术在水厂升级改造中的工程实践及经验 [J]．城镇供水，2011：20-24.

[35] 王占生，孙文俊．我国给水行业深度处理发展趋势 [C]//中国土木工程学会水工业分会．2019年给水深度处理研讨会论文集，2019.

[36] 许嘉炯，范玉柱．深度处理工艺的系统选择研究 [J]．给水排水，2012，38 (8)：11-16.

[37] 笪跃武．水厂 O_3-BAC 深度处理工艺技术管理探讨 [C]//中国给水排水杂志社．2013给水深度处理及饮用水安全保障技术交流会论文集，2013：72-85.